高等教育应用型人才计算机类专业系列教材

Java 面向对象程序设计

虞建东　岑跃峰　主　编

電子工業出版社
Publishing House of Electronics Industry
北京•BEIJING

内 容 简 介

本书从比较 C 语言和 Java 语言的异同点出发，在体系结构、内容组织、语言表达等方面进行介绍。本书没有复杂的算法和晦涩难懂的代码，帮助学生感受学习 Java 语言的乐趣，掌握 Java 的基本编程技巧，理解面向对象程序设计的思想和理念。本书介绍基本的 Java 语言知识，同时引导学生学习更高级的 Java 编程概念。

本书共有 11 章，分别是 Java 语言概述、Java 程序设计基础、Java 类与对象、继承与接口、Java 面向对象高级特性、Java 实用类、Java 基本输入输出、多线程、Swing 图形用户界面、Java 网络编程、JDBC 与 MySQL 数据库。本书可以使学生编写出初具规模的 Java 程序，为后续 Web 程序设计、JavaEE 等课程打下坚实基础。

本书可作为高等职业院校计算机相关专业的教材，也可作为广大计算机编程爱好者的参考用书。

图书在版编目（CIP）数据

Java 面向对象程序设计 / 虞建东，岑跃峰主编．—北京：电子工业出版社，2024.2

ISBN 978-7-121-46896-4

Ⅰ．①J… Ⅱ．①虞… ②岑… Ⅲ．①JAVA 语言－程序设计 Ⅳ．①TP312.8

中国国家版本馆 CIP 数据核字（2023）第 246274 号

责任编辑：魏建波
印　　刷：北京虎彩文化传播有限公司
装　　订：北京虎彩文化传播有限公司
出版发行：电子工业出版社
　　　　　北京市海淀区万寿路 173 信箱　　邮编：100036
开　　本：787×1092　1/16　印张：12　字数：270 千字
版　　次：2024 年 2 月第 1 版
印　　次：2024 年 2 月第 1 次印刷
定　　价：42.00 元

凡所购买电子工业出版社图书有缺损问题，请向购买书店调换。若书店售缺，请与本社发行部联系，联系及邮购电话：（010）88254888，88258888。

质量投诉请发邮件至 zlts@phei.com.cn，盗版侵权举报请发邮件至 dbqq@phei.com.cn。

本书咨询联系方式：（010）88254178 或 liujie@phei.com.cn。

前言

Java 作为一种具有生产力和面向对象特性的编程语言已经流行了很多年，有关教材数不胜数且各有特色。本书由编者多年来的教学讲稿改编而成，力求由浅入深、循序渐进、突出重点及分解难点，以通俗易懂的讲解方法，对各知识点辅以灵活实用的例程分析，从而使学生充分理解和掌握知识。

Java 语言是大一学生的第二门程序设计语言课程。因此，本书从比较 C 语言和 Java 语言的异同点出发，强调面向对象程序设计的特性，同时在体系结构、内容组织、语言表达等方面进行介绍，没有复杂的算法或者晦涩难懂的代码，从而使学生感受到学习 Java 语言的乐趣，在乐趣中掌握 Java 的基本编程技巧，理解面向对象程序设计的思想和理念。

第 1 章和第 2 章简要介绍 Java 语言的基础程序设计；第 3 章、第 4 章和第 5 章作为本书的重点，主要讲解 Java 语言中封装、继承和多态等面向对象特性；第 6 章通过一些常用类的使用来提升学生对 Java 语言的运用能力；第 7 章讲解 Java 语言的输入输出流，其类库设计本身就有很好的面向对象特性；第 8 章讲解多线程技术，主要介绍线程的一般概念和在 Java 中创建多线程的方法；第 9 章讲解 GUI 编程技术，重点为 Swing 类库的基本组件和 AWT 事件模型，以便学生掌握 Windows 编程的基本方式；第 10 章讲解 Java 语言在网络编程中的重要技术，包括网络基本概念、协议及最重要的 Socket 通信程序设计；第 11 章主要讲解在 Java 语言中怎样使用 JDBC 操作数据库，涉及数据库、表和 MySQL 数据库管理系统等基础知识。运用第 9、10 和 11 章的内容，学生可以编写出初具规模的 Java 程序，为后续 Web 程序设计、JavaEE 等课程打下坚实基础。

本书介绍基本的 Java 语言知识，同时引导学生学习更高级的 Java 编程技巧。书中的例程都在 JDK 17 环境下编译并运行。希望本书对学生有所帮助。书中难免存在疏漏和不足之处，敬请广大读者批评和指正。

编　者

2023 年 5 月

目 录

第 1 章

Java 语言概述

学习目的和要求

在学习 Java 语言之前需要先学习 C 语言。本章将简要介绍 Java 语言，重点描述 Java 程序的平台无关性、Java 程序规范以及 Java 程序与 C 程序的异同点。

主要内容

- Java 简介
- Java 语言特点
- Java 开发工具
- Java 程序规范

1.1 Java 简介

Java 是目前最流行的面向对象程序设计语言之一，由 Sun Microsystems 公司于 1995 年 5 月推出。2010 年，Sun Microsystems 公司被 Oracle（甲骨文）公司收购，Java 也随之成为 Oracle 公司的产品。

同时，Java 还是一个平台和规范。Java 平台由 Java 虚拟机（Java Virtual Machine，JVM）和 Java 应用编程接口（Application Programming Interface，API）构成。Java API 为此提供了一个独立于操作系统的标准接口，可分为基本部分和扩展部分。在硬件或操作系统平台上安装 Java 平台之后，Java 程序就可运行了。Java 平台已经嵌入了几乎所有的操作系统，这样 Java 程序只需编译一次，即可在各种操作系统中运行。

按应用范围划分，Java 平台分为 3 个体系。

Java SE（Java 2 Platform Standard Edition，Java 平台标准版）又称 J2SE。Java 平台标

准版允许开发和部署在桌面、服务器、嵌入式环境和实时环境中使用的 Java 程序，包含支持 Java Web 服务开发的类，并为 Java EE 提供支持，如 Java 语言基础、JDBC 操作、I/O 操作、网络通信及多线程等技术。

Java EE（Java 2 Platform，Enterprise Edition，Java 平台企业版）又称 J2EE。Java 平台企业版可用于开发和部署可移植、健壮、可伸缩且安全的服务器端 Java 程序。它是在 Java SE 的基础上构建的，可提供 Web 服务、组件模型、管理和通信 API，可用来实现企业级的面向服务体系结构（SOA）和 Web 应用程序。

Java ME（Java 2 Platform Micro Edition，Java 平台微型版）又称 J2ME。Java 平台微型版为在移动设备和嵌入式设备（比如手机、平板电脑、机顶盒和打印机）上运行的应用程序提供了一个健壮且灵活的环境，包括灵活的用户界面、健壮的安全模型、丰富的内置网络协议以及可以动态下载的联网/离线应用程序。

2005 年 6 月，Sun Microsystems 公司发布了 Java SE 6。此后各种版本的 Java 都取消了其中的数字“2”，J2EE 更名为 Java EE，J2SE 更名为 Java SE，J2ME 更名为 Java ME。

1.2 Java 语言特点

1. 简单

Java 语言具有学习和使用简单的特点。一方面，Java 语言的语法与 C 语言和 C++语言很接近，这使得大多数程序员很容易学习和使用；另一方面，Java 语言丢弃了 C++语言很少使用的、很难理解的、令人困惑的那些特性，如操作符重载、多继承、自动强制类型转换。此外，Java 语言不使用指针，而使用引用；提供自动分配和回收内存空间，这使得程序员不必为内存管理而担忧。

2. 面向对象

Java 语言提供类、接口和继承等面向对象的特性，为了简单起见，只支持类之间的单继承，并且支持类与接口之间的多重实现机制。同时，Java 语言全面支持动态绑定，而 C++语言只对虚函数使用动态绑定。可以说，Java 语言是一种纯粹且具有生产力的面向对象程序设计语言。

3. 分布式

Java 语言支持开发 Internet 应用。Java 语言提供了一个网络应用编程接口（java.net），包含用于网络应用编程的类库，如 URL、Socket 等。Java 语言的 RMI（远程方法调用）机制也是开发分布式应用的重要手段。

4．健壮

Java 语言的强类型机制、异常处理、垃圾的自动收集等都是对 Java 程序健壮性的重要保障，其对指针的改进和安全检查机制使得 Java 程序较其他程序更具健壮性。

5．安全

Java 语言通常被用在网络环境中，为此，Java 提供了一个安全机制以防恶意代码的攻击。此外，Java 语言还对通过网络下载的类具有一个安全防范机制，如分配不同的名字空间以防替代本地的同名类进行字节代码检查，并且提供安全管理机制为 Java 程序设置安全哨兵。

6．平台无关性

Java 源程序在 Java 平台上被编译为与平台无关的字节码文件，可以在实现 Java 平台在任何系统中运行，体现出“一次编程，处处运行”的特点。

7．多线程

Java 语言是第一种在语言层面支持多线程应用程序编写的编程语言，这为程序员编写多线程应用程序带来了极大的便利，而使用 C++语言编写多线程应用程序必须调用操作系统提供的 API，这必然没有使用 Java 语言简单。

1.3　Java 开发工具

1.3.1　Java 开发工具包

1．JDK 简介

JDK（Java Development Kit，Java 开发工具包）是 Java 的核心，包括 JRE（Java Runtime Environment）、Java 基础的类库和一些 Java 工具，如 javac、java、javadoc 等，还包括 JVM 标准实现及 Java 核心类库。

JRE（Java Runtime Environment，Java 运行环境）是 JDK 的子集。JDK 包括 JRE 中的所有内容，以及开发应用程序所需的编译器和调试器等工具。

JVM（Java Virtual Machine，Java 虚拟机）是 JRE 的一部分。它是 Java 实现跨平台的核心，负责解释、执行字节码文件，是可运行 Java 字节码文件的虚拟计算机。

2．下载和安装

在 Oracle 官网中下载和安装 JDK，如图 1.1 所示，推荐下载 JDK 8 以后的版本，可以选择安装版和解压版，并选择和自己操作系统匹配的 32 位或 64 位版本。

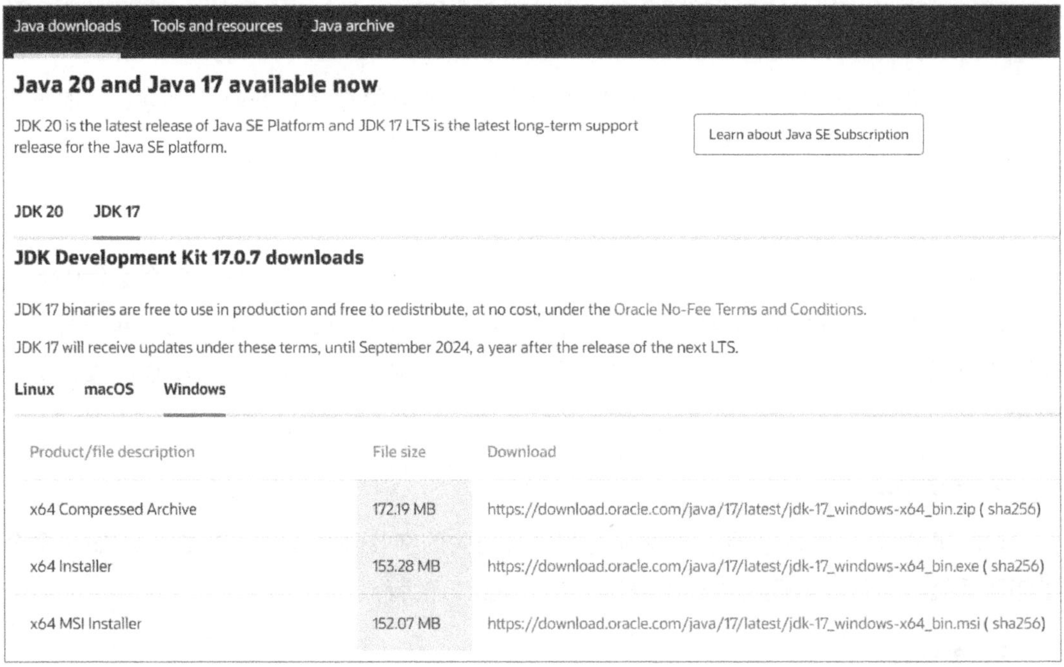

Java downloads Tools and resources Java archive

Java 20 and Java 17 available now

JDK 20 is the latest release of Java SE Platform and JDK 17 LTS is the latest long-term support release for the Java SE platform.

Learn about Java SE Subscription

JDK 20 JDK 17

JDK Development Kit 17.0.7 downloads

JDK 17 binaries are free to use in production and free to redistribute, at no cost, under the Oracle No-Fee Terms and Conditions.

JDK 17 will receive updates under these terms, until September 2024, a year after the release of the next LTS.

Linux macOS Windows

Product/file description	File size	Download
x64 Compressed Archive	172.19 MB	https://download.oracle.com/java/17/latest/jdk-17_windows-x64_bin.zip (sha256)
x64 Installer	153.28 MB	https://download.oracle.com/java/17/latest/jdk-17_windows-x64_bin.exe (sha256)
x64 MSI Installer	152.07 MB	https://download.oracle.com/java/17/latest/jdk-17_windows-x64_bin.msi (sha256)

图 1.1 在 Oracle 官网中下载 JDK

1.3.2 Java IDE

集成开发环境（Integrated Development Environment，IDE）是用于提供程序开发环境的应用程序，一般包括代码编辑器、编译器、调试器和图形用户界面等工具，集成了代码编写功能、分析功能、编译功能、调试功能等一体化的开发软件服务套件。

1. Eclipse

Eclipse 是目前最流行的 Java IDE 工具之一，具备安装即可使用的可视化调试器和可靠的 IDE 功能，能够自动执行常规任务，并且包含多种前端技术，可以随时进行调试。它和 JDK 一样是免费的，可以在 Eclipse 官网中下载和安装，注意下载的版本和安装的 JDK 版本需要匹配。

2. IntelliJ IDEA

IntelliJ IDEA 是当前 Java 开发效率最快的 IDE 工具之一。它整合了开发过程中众多实用的功能，几乎可以不用鼠标就能方便地完成要做的任何事情，最大程度地加快开发速度。IntelliJ IDEA 分为 Ultimate Edition（旗舰版）和 Community Edition（社区版），旗舰版属于商业收费版，可以免费试用 30 天；社区版可以免费使用，但是功能比旗舰版有所删减。这两个版本都可以在 Jet Brains 官网中下载和安装。

虽说科技无国界，但目前大多数与 Java 程序开发相关的工具都是国外的产品。而华为自研的 ArkCompile 编程平台，以开源项目为起点，在编译器、工具链、运行时等关键技术上都有很成熟的表现。作为未来软件行业的从业者，学生应该从本课程出发，建立专业自信，树立职业理想，增强责任担当，树立社会主义核心价值观。

1.4　Java 程序规范

1.4.1　Java 程序结构

观察例 1.1，每个 Java 程序都必须遵循以下规范。

（1）package 语句：零个或一个，必须放在文件开始。

（2）import 语句：零个或多个，必须放在所有类定义之前。

（3）public ClassDefinition：零个或一个。

（4）ClassDefinition：零个或多个。

（5）InterfaceDefinition：零个或多个。

（6）类：至少有一个，最多只能有一个 public 类。

（7）源文件命名：若有 public 类，则源文件必须按该类命名。

（8）标识符：区分大小写。

【例 1.1】Java 程序结构示例

```
package c01;
public class Example1_01
    public static void main(String[] args) {
        Student s = new Student();
        s.speak();
    }
}
class Student {
    public void speak() {
        System.out.println("Hello!");
    }
}
```

1.4.2　Java 程序命名规范

观察例 1.1，建议 Java 程序遵循以下命名规范。

（1）包、类、变量、方法等的命名要体现各自的含义。

（2）包名全部小写：io、awt。

（3）类名的第一个字母要大写：HelloWorldApp。

（4）变量名的第一个字母要小写：userName。

（5）方法名的第一个字母要小写：setName。

1.4.3 注释

程序是否具有可读性的关键在于注释。如果想二次开发一个程序，则要读懂前面的程序代码，这就必须在程序中添加大量的注释文档，所以对一个优秀的程序员来说，学会在程序中适当地添加注释是非常重要的。Java 程序的注释有 3 种：类、方法、字段。

1. 类注释

类注释一般放在所有的 import 语句之后。在定义类之前，主要声明该类可以做什么，以及创建人、创建日期、版本和包名等信息。下面是一个类注释的模板。

```
/**
 * @projectName（项目名称）: project_name
 * @package（包）: package_name.file_name
 * @className（类名称）: type_name
 * @description（类描述）: 一句话描述该类的功能
 * @author（创建人）: user
 * @createDate（创建日期）: datetime
 * @updateUser（修改人）: user
 * @updateDate（修改日期）: datetime
 * @updateRemark（修改备注）: 说明本次修改内容
 * @version（版本）: v1.0
 */
```

提示：以@开头的标签为 Javadoc 标记，由@和标记类型组成，缺一不可。@和标记类型之间有时可以用空格进行分隔。

2. 方法注释

方法注释必须紧靠在方法定义的前面，主要用于声明方法参数、返回值、异常等信息。除了可以使用通用标签，还可以使用下列以@开始的标签。

@param 变量描述：为当前方法的参数部分添加一个说明，可以占据多行。一个方法的所有@param 标记必须放在一起。

@return 返回类型描述：对当前方法添加返回值部分，可以跨越多行。

@throws 异常类描述：表示这个方法有可能抛出异常。

3．字段注释

字段注释在定义字段的前面，用来描述字段的含义。

1.5 小结

1．Java 语言是一种面向对象的程序设计语言，是目前最流行的编程语言之一。

2．Java 程序比较特殊，它必须先经过编译，再利用解释的方式来执行，即先将源程序（.java 文件）通过编译器转换成与平台无关的字节码文件（.class 文件），再通过解释器来解释、执行字节码文件。

3．Java 语言的语法比 C 语言更加严格，编写 Java 程序必须遵循规范。

4．应用程序必须有一个主类，主类是程序执行的入口点。应用程序的主类是包含 main 方法的类。

5．Java 程序有 3 种注释。

本章练习

1．什么是平台无关性？Java 程序是怎样实现平台无关性的？

2．分别利用记事本和 JDK 完成对例 1.1 的编译、运行。

3．下载安装 Eclipse 或 IntelliJ IDEA，在 Java IDE 中对例 1.1 进行编译、运行。

第2章

Java 程序设计基础

学习目的和要求

通过与C语言的比较，掌握Java语言的基本数据类型、运算符和表达式；理解数据类型转换的基本规则；熟练运用Java数组和程序流程控制。

主要内容

- 关键字与标识符
- 数据类型
- 数据类型的转换
- 运算符与表达式
- Java流程控制
- 数组

2.1 关键字与标识符

2.1.1 关键字

关键字是对编译器有特殊意义的固定单词，不能在程序中用于其他目的。关键字具有专门的意义和用途，和自定义的标识符不同，不能当作一般的标识符来使用。

Java语言中的关键字对Java编译器有特殊的意义，它用来表示一种数据类型或者程序的结构。保留字是为Java预留的关键字，虽然现在没有作为关键字使用，但在升级版本中有可能会作为关键字。

Java语言目前定义了50多个关键字，这些关键字不能作为变量名、类名或方法名来使用。下面对这些关键字进行分类。

（1）数据类型：boolean、int、long、short、byte、float、double、char、class、interface、enum。

（2）流程控制：assert、if、else、do、while、for、switch、case、default、break、continue、return、try、catch、finally。

（3）修饰符：public、protected、private、final、void、static、strict、abstract、transient、synchronized、volatile、native。

（4）动作：package、import、throw、throws、extends、implements、this、supper、instanceof、new。

（5）保留字：true、false、null、goto、const。

2.1.2 标识符

标识符（Identifier）是用来表示变量名、类名、方法名、数组名和文件名的有效字符序列。也就是说，任何一个变量、常量、方法、对象和类都需要有名字，这些名字就是标识符。标识符可以由程序员指定，但是需要遵循一定的语法规则。标识符要满足如下规则。

（1）标识符可以由字母、数字、下画线（_）和美元符号（$）等组合而成。

（2）标识符必须以字母、下画线或美元符号开头，不能以数字开头。

另外，Java 语言需要区分字母大小写，因此 myJava 和 myjava 是两个不同的标识符。

标识符分为两类，分别为关键字和用户自定义标识符。关键字是有特殊含义的标识符，如 true、false，表示逻辑的真假。用户自定义标识符是由用户按标识符语法规则生成的非保留字的标识符，如 abc、name 等。

2.2 数据类型

Java 语言中的数据类型分为两种：一种是基本数据类型（Primitive Type），另一种是引用数据类型（Reference Type），简称引用类型。基本数据类型的数据所占内存的大小是固定的，与软硬件环境无关，在内存中存放的是数据值本身。引用数据类型的数据是存放在内存中的指向数据值的地址，这在 C 语言中称为指针，而在 Java 语言中称为引用。引用可以理解为一种不能被修改的指针，这增强了 Java 语言的安全性。

基本数据类型可以分为整型、浮点型、布尔型和字符型，引用数据类型包括类、数组和接口等。Java 语言的基本数据类型如下。

（1）整型：byte，short，int，long。

（2）浮点型：float，double。

（3）布尔型：boolean。

（4）字符型：char。

2.2.1 整型

Java语言定义了4种表示整数的类型：字节型（byte）、短整型（short）、整型（int）、长整型（long），分别占1字节、2字节、4字节、8字节。一个整数默认为整型（int）。在将一个整数强制表示为长整数时，需要在后面加字母l或L。

2.2.2 浮点型

Java语言用浮点型表示数学中的实数（浮点数），也就是既有整数部分又有小数部分的数。浮点数有两种表示方式。

一个浮点数默认为double型。若需要赋值为float型，则需要在后面加字母f或F。float型数据占4字节，double型数据占8字节，有效数据最长为15位。之所以称为double型，是因为它的精度是float型的2倍，所以又称为双精度型。

2.2.3 布尔型

布尔型（boolean）也称逻辑型，用来表示逻辑值。它只有true和false两个取值。其中，true代表“真”，false代表“假”，true和false不能转换成数字的表示形式。

所有关系运算（如a>b）的返回值都是布尔型。布尔型也用于控制语句中的条件表达式，如if、while、for语句。

2.2.4 字符型

字符型（char）用来存储单个字符。Java语言中的字符采用的是Unicode字符集编码方案，在内存中占2字节，表示1个16位无符号的整数，取值范围为0~65535，表示其在Unicode字符集中的位置。Unicode字符是用“\u0000”到“\uFFFF”之间的十六进制数值来表示的，前缀“\u”表示这是一个Unicode值，后面的4个十六进制值表示是哪个Unicode字符。

【例2.1】Java字符型数据的表示和转换示例

```
pacakge c02;
public class Example2_01 {
    public static void main(String[] args) {
```

```
    char a = '\u0061';        //十六进制表示，对应十进制的 97，如同 char a = 'a' ;
    char b = '\141';          //八进制表示，对应十进制的 97
    char c = '3';
    char d = '\\';            //转义字符'\'
    char e = '\n';            //转义字符换行
    int  i = (int) b;
    int  j =  c;
    System.out.println("a 的值是" + a);
    System.out.println("b 的值是" + b);
    System.out.println("c 的值是" + c);
    System.out.println("d 的值是" + d);
    System.out.println("i = " + i);
    System.out.println("j = " + j);
    }
}
```

2.3　数据类型的转换

数据类型的转换可以分为隐式转换（自动类型转换）和显式转换（强制类型转换）两种。需要注意以下几点。

（1）不能对 boolean 型数据进行类型转换。

（2）不能把对象类型转换成不相关类的对象。

（3）在把容量大的类型转换为容量小的类型时必须使用强制类型转换。

2.3.1　隐式转换（自动类型转换）

如果以下两个条件都满足，那么在将一种类型的数据赋值给另外一种类型的变量时，将执行自动类型转换。

（1）两种数据类型彼此兼容。

（2）目标类型的取值范围大于源数据类型（低级数据类型转换为高级数据类型）。

例如，在将 byte 型向 short 型转换时，由于 short 型的取值范围较大，因此会自动将 byte 型转换为 short 型。

在运算过程中，由于不同的数据类型会转换为同一种数据类型，所以整型、浮点型及字符型都可以参与混合运算。自动类型转换的规则是从低级数据类型转换为高级数据类型，转换规则如下。

byte 型数据的转换：byte→short→int→long→float→double。

将字符型转换为整型：char→int。

以上数据类型的转换遵循从左到右的原则，最终转换成表达式中取值范围最大的数据类型。

2.3.2 显式转换（强制类型转换）

在将一个大于变量可表示范围的值赋值给这个变量时，这种转换称为缩小转换。由于缩小转换在转换的过程中可能会损失数据的精确度，因此 Java 不会自动做这种类型的转换，此时必须由程序员做强制性的转换。需要注意在程序设计过程中，不推荐从较长数据向较短数据的转换，因为在此过程中，数据存储位数的缩小将导致计算数据精度的降低。

强制类型转换的实例如下。

```
int a = 10
double  b = 1.0
a =  (int) b
```

在强制类型转换中，如果将浮点型的数据转换为整型，则直接去掉小数点后面的所有数字；如果将整型的数据强制转换为浮点型，则需要在小数点后面补零。

【例 2.2】 数据类型转换过程中可能存在的语法错误示例

```
pacakge c02;
public class Example2_02 {
    public static void main(String[] args) {
        short s1 = 1;
        s1 = s1 + 1 ;           //隐含语法错误，右边的 s1+1 自动转换为 int 型
        s1 = (short) (s1 + 1);
        short s2 = 1;
        s2 += 1;                //该语句没有语法错误
        System.out.println(s1);
        System.out.println(s2);
    }
}
```

2.4　运算符与表达式

Java 语言拥有丰富的运算符，可以分为如下几类。

（1）算术运算符：+、−、*、/、%、++、--。

（2）关系运算符：>、<、>=、<=、==、!=。

（3）逻辑运算符：&&、||、!。

（4）位运算符：>>、<<、>>>、&、|、~、^。

（5）赋值运算符：=。

（6）条件运算符：表达式?值 1:值 2。

（7）其他运算符：instanceof。

Java 表达式是用运算符连接起来的符合规范的式子。Java 语言的绝大多数运算符与 C 语言相同，不同于 C 语言的方面如下。

（1）关系运算符用来判断两个值的关系，其运算结果是布尔型数据。当运算符对应的关系成立时，按照运算结果判断，真为 true，假为 false。

（2）逻辑运算符包括&&、||、!，其操作数据必须是布尔型。逻辑运算符可以用来连接关系表达式。

【例 2.3】&和&&的使用差异示例

```
pacakge c02;
public class Exmaple2_03 {
   public static void main(String[] args) {
      int a = 4, b = 6;
      if (a < 1 & b++ > 0) {
         System.out.println(b);
      } else {
         System.out.println(b);
      }
      int x = 4, y = 6;
      if (x < 1 && y++ > 0) { // &&有短路功能
         System.out.println(y);
      } else {
         System.out.println(y);
      }
   }
}
```

说明如下。

（1）&和&&都有逻辑与功能，但&&还有短路功能。

（2）&还有位运算功能。

【例 2.4】 移位操作示例

```
pacakge c02;
public class Example2_04 {
    public static void main(String[] args) {
        int i = -1;
        String ss = Integer.toBinaryString(i);
        System.out.println(ss);
        i >>>= 24;
        System.out.println(i); // 255
        int i2 = -1;
        i >>= 24;
        System.out.println(i2); // -1
        long l = -1;
        l >>>= 56;
        System.out.println(l); // 255
         short s = -1;
        s >>>= 24;
        System.out.println(s); // 255
        short s2 = -1;
        s2 >>>= 88;
        System.out.println(s2); // 255
        byte b = -1;
        b >>>= 10;
        System.out.println(b); // -1
        System.out.println(1 << 32); // 结果为 1
    }
}
```

示例说明如下。

（1）short 型、byte 型移位需要先转换为 int 型。

（2）对于 int 型，移位的位数按模 32 运算。

（3）i<<32 等同于 i<<0，相当于没有进行移位操作。

2.5 Java 流程控制

2.5.1 for 语句

foreach 循环语句是 Java1.5 的新特征之一，在遍历数组、集合方面为开发者提供了极大的方便。foreach 循环语句是 for 语句的特殊简化版本，主要用于执行遍历功能的循环。foreach 循环语句的语法格式如下。

```
for(类型 变量名:集合) {
    语句块;
}
```

其中，“类型”为集合元素的类型，“变量名”表示集合中的所有元素，“集合”是被遍历的集合对象或数组。

【例 2.5】 foreach 循环示例

```
pacakge c02;
public class Example2_05 {
    public static void main(String[] args) {
        int[] a = new int[5];
        for (int i = 0; i < a.length; i++) {
            a[i] = i + 10;
        }
        for (int i=0 ;i<a.length; i++) {
            System.out.print(a[i]+"\t");
        }
        for (int i : a) {
            System.out.print(i+"\t");
        }
    }
}
```

2.5.2 break 与 continue 语句

break 语句在 Java 语言中有两种用法。在 switch 语句中，break 语句用来终止 switch 语句的执行，使程序从整个 switch 语句后的第一条语句开始执行；在循环语句中，break 语句用于终止并跳出循环，从紧跟在循环体代码块后面的语句开始执行。break 语句在 Java 语言中的两种用法与 C 语言一致。

不同于 C 语言和 goto 语句，在 Java 语言中，可以为每个代码块加一个标签；break 语句可用于跳出它所指定的代码块，并从紧跟在该代码块后面的第一条语句开始执行，示例如下。

```
blockLabel: {
   codeBlock;
   break blockLabel;
}
```

【例 2.6】break 带标签语句示例

```
pacakge c02;
public class Example2_06 {
   public static void main(String[] args) {
      outer: for (int i = 0; i < 5; i++) {
         for (int j = 0; j < 3; j++) {
            if (j == 1) {
               // 结束 outer 标签所指定的循环，将输出 A
               break outer;
            }
            System.out.println("A");
         }
         System.out.println("B");
      }
   }
}
```

continue 语句用来结束本次循环，跳过循环体中尚未执行的语句，接着进行终止条件的判断，以决定是否继续循环。对于 for 语句，在进行终止条件的判断前，要先执行迭代语句，也可以用 continue 语句跳转到括号指定的外层循环中，示例如下。

```
outerLabel: {
   codeBlock;
   continue outerLable;
}
```

【例 2.7】continue 带标签语句示例

```
pacakge c02;
public class Example2_07 {
   public static void main(String[] args) {
      outer:
```

```
        for (int i = 0; i < 3; i++) {
            for (int j = 0; j < 3; j++) {
                if (j == 1) {
                    // 结束 outer 所指定的本次循环，继续下一次，将输出 AAA
                    continue outer;
                }
                System.out.print("A");
            }
            System.out.print("B");
        }
    }
}
```

2.6 数组

数组是一组同类型的变量或对象的集合，其类型可以是基本数据类型、类或接口。数组是一种特殊的对象（Object）。不同于 C 语言，Java 语言用引用的概念取代指针，而引用可以被认为是一种不能被修改的指针。在 JVM 中，对象数据存放于堆内存中，这由 new 运算符完成，为了方便使用对象数据，引用是指该对象数据的首地址。

2.6.1 一维数组

使用 Java 语言创建数组，一般需经过 3 个步骤：一是声明数组，二是分配内存空间，三是创建数组元素并赋值。

- 定义类型（声明数组），如 int[] a，int b[] = null。
- 创建数组（分配内存空间），如 a = new int[3]。
- 释放（由 Java 虚拟机完成）。

【例 2.8】 一维数组的初始化和使用

```
pacakge c02;
public class Example2_08 {
    public static void main(String[] args) {
        int[] a = new int[3];
        int[] b = { 1, 3, 5 };
        int[] c = new int[]{1, 3 , 5};
        //int[] d = new int[4]{1,3,5,7};      //该句语法错误
```

```
        int[] e;                                        //e 并无所指
        System.out.println("数组 b 的长度为: " + b.length);
        for (int i = 0; i < a.length; i++) {
            System.out.println(a[i]);
        }
        //该句空指针异常
        //System.out.println("数组 e 的长度为: " + e.length);
        e = b;                                          //e 和 b 指向同一个数据对象
        System.out.println("数组 e 的长度为: " + e.length);
    }
}
```

2.6.2 多维数组

在 Java 语言中并没有真正的多维数组。所谓多维数组，就是数组元素也是数组的数组。以二维数组为例，其声明方式与一维数组类似，内存的分配也一样使用 new 运算符。

```
int[][]a=new int[2][3];
```

在 C 语言中定义一个二维数组，必须是一个 $m \times n$ 的矩形。而 Java 语言的二维数组不一定是规则的矩形，其数据在内存中还是按一维数组的方式存储。

【例 2.9】 二维数组的初始化和使用

```
pacakge c02;
public class Example2_09 {
   public static void main(String[] args) {
      int[][] a = { { 1, 2, 3, 4 }, { 5, 6, 7 ,8}, { 9, 10, 11, 12 } };
      int[][] b = new int[][]{ { 1, 2}, { 5, 6, 7 }, { 9, 10, 11, 12 } };
      for (int[] i : a) {
         for (int j : i) {
            System.out.print(j+"\t");
         }
         System.out.println();
      }
      for (int[] i : b) {
         for (int j : i) {
            System.out.print(j+"\t");
         }
         System.out.println();
```

```
        }
    }
}
```

2.7 小结

1. Java语言的数据类型可以分为基本数据类型和引用数据类型两种。
2. 布尔（boolean）型的变量，只有true（真）和false（假）两种。
3. 数据类型的转换可以分为两种：自动类型转换和强制类型转换。
4. Java语言的for语句。
5. 带标签的break语句和continue语句。
6. Java语言的数组和C语言的数组的异同。

本章练习

一、思考题

1. Java语言采用何种编码方案？有何特点？
2. 什么是强制类型转换？在什么情况下需要用强制类型转换？

二、编程题

1. 编写一个Java程序，输出1～100的整数中所有的素数。
2. 给定一组整数，利用数组对其进行排序输出。

三、写出下列程序的运行结果

1.

```
public class Test1 {
    public static void main(String[] args) {
        int j=0;
        for(int i=3; i>0; i--){
            j += i;
            int x = 2;
            while(x<j){
                x += 1;
                System.out.print(x);
```

```
            }
        }
    }
}
```

2.

```
public class Test2 {
        public static void main(String[] args) {
            lable:
            for(int i=0; i<3; i++){
                for(int j=0; j<3; j++){
                    if(i==j) continue lable;
                    System.out.print(i*3+j+"\t");
                }
            System.out.print("i= "+i);
        }
    }
}
```

3.

```
public class Test3 {
      public static void main(String[] args) {
            int j=0;
            outer:
            for(int i=3; i>0; i--){
                 j += i;
                 inner:
                 for(int k=1; k<3;k++){
                     j *= k;
                     if(i==k)    break outer;
                 }
            }
            System.out.println("j= "+j);
      }
}
```

4.

```
public class Test4{
```

```
    public static void main(String[] args) {
        int i=1;
        long fact = 1, sum = 0;
        do{
            fact *= i;
            sum += fact;
            i++;
        } while(i<=100)  ;
        System.out.println("sum = " + sum);
    }
}
```

5.

```
public class Test5 {
    public static void main(String argc[]) {
        Test5 t = new Test5();
        int i = 0,j = 0;
        t.addplus(i);
        i = i++;
        System.out.println(i);
        j = i++;
        System.out.println(i);
    }
    void addplus(int i) {
        i++;
    }
}
```

第3章

Java 类与对象

学习目的和要求

Java 是面向对象的程序设计语言。通过对本章的学习，理解面向对象编程的基本概念和思想，掌握类和对象的关系，学会如何使用类的定义、创建对象，并将其应用于程序设计中，从而掌握 Java 语言的面向对象程序设计方法。

主要内容

- 面向对象程序设计
- 类与对象
- 对象的创建与使用
- 构造方法
- 方法的重载
- 参数传递
- static 关键字
- this 关键字
- 包
- impot
- Java 访问权限
- Java 基本数据类型的类封装
- 垃圾回收

3.1 面向对象程序设计

3.1.1 面向对象程序设计的思想

面向对象程序设计（OOP）是90年代才开始流行的一种软件编程方法。传统的用结构化方法开发的软件，其稳定性、可修改性和可重用性都比较差。这是因为结构化方法的本质是功能分解，先从代表目标系统整体功能的单个处理着手，自顶向下不断把复杂的处理分解为子处理，这样一层一层地分解下去，直到仅剩下若干个容易实现的子处理为止，再用相应的工具来描述各个底层的处理。因此，结构化方法是围绕实现处理功能的“过程”来构造系统的。然而，用户需求的变化大部分是针对功能的，因此这种变化对基于过程的设计方法来说是灾难性的。用这种方法设计出来的系统结构常常是不稳定的，用户需求的变化往往会造成系统结构的较大变化，从而需要花费很大代价才能实现这种变化。

所谓的面向对象程序设计，就是把面向对象的思想应用到软件工程中，并指导开发和维护软件。面向对象的概念和应用领域已经超越了程序设计和软件开发，扩展到了数据库系统、交互式界面、应用平台、分布式系统、网络管理结构和人工智能等领域中。

最开始的“面向对象”专指在程序设计中采用封装、继承、抽象等设计方法。现在面向对象的思想已经涉及软件开发的各个方面，主要包括如下方面。

- 面向对象分析（object-oriented analysis，OOA）。
- 面向对象设计（object-oriented design，OOD）。
- 面向对象程序设计（object-oriented program，OOP）。

面向对象程序设计具有结构化程序设计的特点，包括将客观事物看作具有属性和行为的对象；不再将问题分解为过程，而是将问题分解为对象，即一个复杂对象由若干个简单对象构成；通过抽象找出同一类对象的共同属性和行为并将其形成类；通过消息实现对象之间的联系，构造复杂系统；通过类的继承与多态实现代码重用。

面向对象程序设计的优点是，使程序能够比较直接地反映问题域的本来面目，使软件开发人员能够利用人们认识事物所采用的一般思维方法来进行软件开发。

3.1.2 面向对象程序设计的特点

面向对象程序设计强调对象的抽象、封装、继承、多态，具有如下特点。

1. 封装

封装也称信息隐藏，是指将一个类的使用和实现分开，只保留部分接口、方法与外部联系，或者只公开一些供软件开发人员使用的方法。软件开发人员只需要关注这个类如何使用，而无须关心其具体的实现过程，这样就能实现 MVC（Model、View 和 Controller）分工合作，也能有效避免程序间的相互依赖，实现代码模块间的松耦合。

2. 继承

继承是指子类自动继承父类的属性和方法，软件开发人员可以为其添加新的属性和方法，或者对部分属性和方法进行重写。继承增强了代码的可重用性。

3. 多态

子类继承了来自父类的属性和方法，并且其中的部分方法被重写。于是多个子类虽然都具有同一个方法，但是其实例化的对象在调用这些相同的方法后可以获得完全不同的结果，这种技术就是多态。多态增强了软件的灵活性。

3.2 类与对象

类用于让程序设计语言能更清楚地描述日常生活中的事物。类是对某一类事物的描述，是抽象的、概念上的定义。而对象是实际存在的属于该类事物的具体个体，因而也称实例（Instance）。类是对象的模板、图纸，而对象是类的一个实例，是实实在在的个体。一个类可以对应多个对象。如果将对象比作汽车，那么类就是汽车的设计图纸。所以面向对象程序设计思想的重点是类的设计，而不是对象的设计。

一般来说，类是由数据成员与函数成员封装而成的，其中数据成员表示类的属性，函数成员（程序代码）表示类的行为。由此可见，类描述了对象的属性和对象的行为。在 Java 语言中，数据成员被称为域变量、属性、成员变量等，而函数成员被称为成员方法，简称方法。所谓的类就是把事物的数据与相关功能封装在一起，形成一种特殊的数据结构，用一种抽象来表达真实事物。

3.2.1 类的定义

由于类是一种将数据和方法封装在一起的数据结构，其中数据表示类的属性，方法表示类的行为，所以定义类实际上就是定义类的属性与方法。用户定义一个类实际上就是定义一个新的数据类型。在使用类之前，必须先定义它，然后才可以利用所定义的类来声明相应的变量，并创建对象。类的基本语法格式如下。

```
[类的修饰符] class 类名称 [extends 父类名][implements 接口声名列表] {
    // 变量的声明：用来体现对象的属性
```

```
    //方法的定义：方法可以对类中声明的变量进行操作，体现对象所具有的行为
}
```

定义类又称声明类，示例如下。

```
public class Person {
    private String name;
    private int age;
    public Person() {
    }
    public Person(String name, int age) {
        this.name = name;     //分别指成员变量 name 和形参 name
        this.age = age;
    }
    public void setAge(int i) {
        if (i < 0 || i > 130)
            return;
        age = i;
    }
    public int getAge() {
        return age;
    }
}
```

该类中包含以下两类变量。

（1）局部变量：在方法、形参或者语句块中定义的变量被称为局部变量。变量声明和初始化都是在方法中进行的，在方法结束后，变量就会自动销毁。

（2）成员变量：成员变量是定义在类中，方法体之外的变量。这种变量会在创建对象的时候实例化。成员变量可以被类中方法、构造方法和特定类的语句块访问。

3.2.2 访问控制符

在 Java 语言中，可以使用访问控制符来保护对类、变量、方法和构造方法的访问。Java 语言支持 4 种不同的访问权限。

（1）public：对所有类可见，其使用对象有类、接口、变量、方法。

（2）protected：对同一包内的类和所有子类可见，其使用对象有变量、方法。

（3）default（默认，什么也不写）：在同一包内可见，不使用任何修饰符，其使用对象有类、接口、变量、方法。

（4）private：在同一类内可见，其使用对象有变量、方法。

3.2.3 类的封装

在面向对象程序设计方法中，封装（Encapsulation）是一种将抽象函数接口的实现细节进行包装、隐藏的方法。封装可以被认为是一个保护屏障，用于防止该类的代码和数据被外部类定义的代码随机访问。要访问该类的代码和数据，必须通过严格的接口控制。

封装最主要的功能在于使程序员能修改自己的实现代码，而不用修改那些调用代码的程序片段。适当的封装可以让程序代码更容易理解与维护，也加强了程序代码的安全性。

封装的优点如下。

（1）良好的封装能够减少耦合。

（2）可以自由修改类的内部结构。

（3）可以对成员变量进行更精确的控制。

（4）隐藏信息，实现细节。

在定义类时，将成员变量设为 private，而将成员方法设为 public，以避免程序的其他部分直接操作类的内部数据，这实际就是数据封装思想的体现。

3.3 对象的创建与使用

对象是整个面向对象程序设计的理论基础，由于在面向对象程序中使用类来创建对象，所以可以将对象理解为一种新型的变量。对象中保存着一些比较有用的数据，程序员可以要求它对自身进行操作。对象之间靠传递消息而相互作用，传递的结果是启动了方法，完成一些行为或者修改接收消息的对象的属性。对象一旦完成了它的工作就会被销毁，所占用的资源将被系统回收以供其他对象使用。

```
public class TestPerson {
    public static void main(String args[]) {
        Person p1 = new Person();
        p1.setAge(3);
        p1.setAge(-6);
        Person p2 = new Person("Jack", 18);
        new Person().setAge(18);    //匿名对象
        System.out.println(p1.getAge());
        System.out.println(p2.getAge());
    }
}
```

3.3.1　对象与匿名对象的创建

由于对象是类的实例，所以对象属于某个已知的类，因此要创建属于某个类的对象，可以通过以下两个步骤来完成。

（1）声明指向由类创建的对象的变量。

（2）利用 new 运算符创建新的对象，并指派给前面创建的变量。

在一个对象被创建之后，在调用该对象的方法时，也可以不定义对象的引用变量，而直接调用这个对象的方法，这样的对象被称为匿名对象，如下所示。

```
new Person().setAge(18);        //匿名对象
```

使用匿名对象通常有以下两种情况。

（1）如果对一个对象只需要进行一次方法调用，那么可以使用匿名对象。

（2）将匿名对象作为实参传递给一个方法调用。

3.3.2　对象的使用

在创建新的对象之后，就可以对对象的成员进行访问了。通过对象来引用对象成员的语法格式如下。

```
        对象名.对象成员
```

对象名和对象成员之间用“.”相连，通过这种引用方式可以访问对象的成员。如果对象成员是成员变量，则通过这种引用方式可以获取或修改类中成员变量的值。

3.4　构造方法

3.4.1　构造方法的作用与定义

构造方法（Constructor）是一种特殊的方法，它是在对象被创建时初始化对象成员的方法。构造方法的名称必须与它所在的类名完全相同。构造方法没有返回值，但在定义构造方法时，构造方法的方法名前不能用 void 修饰符来修饰，这是因为一个类的构造方法的返回值就是该类本身。在定义构造方法之后，创建对象时会自动调用它，因此构造方法不需要在程序中直接调用，而是在对象创建时自动调用并执行，这一点不同于一般的方法（一般的方法在用到时才调用）。

构造方法的特征主要体现在以下几个方面。

（1）构造方法的方法名与类名相同。

（2）构造方法没有返回值，但不能用 void 修饰符来修饰。

（3）构造方法的主要作用是完成对类的对象的初始化。

（4）构造方法一般不能由程序员显式地直接调用，而是用 new 运算符来调用。

（5）在创建一个类的对象的同时，系统会自动调用该类的构造方法对新对象进行初始化。

3.4.2 默认的构造方法

如果没有在类中定义构造方法，那么依然可以创建新的对象。Java 编译器会自动为该类生成一个默认的构造方法（Default Constructor），在程序中创建对象时会自动调用该方法。

3.5 方法的重载

方法的重载是实现多态的一种方法。在面向对象程序设计语言中，有一些方法的含义相同，使用相同的名称，但带有不同的参数，这就叫作方法的重载（Overloading）。也就是说，重载是指在同一个类中具有相同名称的多个方法，在这些同名的方法中，如果其参数个数不同，或者参数个数相同但类型不同，则这些同名的方法具有不同的功能。

```
public class Overload {
    public void test() {
        System.out.println("无参方法");
    }
    public void test(String msg) {
        System.out.println("重载的方法 " + msg);
    }
    public static void main(String[] args) {
        Overload ol = new Overload();
        ol.test();
        ol.test("hello");
    }
}
```

3.6 参数传递

方法中最重要的部分是方法的参数，参数属于局部变量。当对象调用方法时，参数会被分配内存空间，调用者需要向参数中传递值，即通过实参和形参进行值的传递。

在Java语言中，方法中参数变量的值是调用者指定的值的复制，如果改变参数的值，则不会影响向参数中传递值的变量。特别的，对于引用型数据，包括数组、对象和接口，当其参数是引用类型时，传递的值是变量中存放的“引用”，而不是变量所引用的实体。这样，对于两个相同类型的引用型变量，如果具有同样的引用，则会拥有同样的实体。因此，如果改变参数变量所引用的实体，就会导致原变量的实体发生同样的变化；如果改变参数中存放的“引用”，则不会影响向其传递值的变量中存放的“引用”。

【例3.1】方法参数传递示例

```
package c03;
public class Example3_01 {
    public static void change(int i, char[] c, PassTest obj) {
        i = 3;
        c[0] = 'A';
        obj.x = 3;
    }
    public static void main(String[] args) {
        PassTest obj = new PassTest();
        obj.x = 5;
        int i = 5;
        char[] c = {'a','b'};
        change(i,c,obj);
        System.out.println(i);
        System.out.println(c[0]);
        System.out.println(obj.x);
    }
}
class PassTest{
    int x;
}
```

3.7　static关键字

static被称为静态修饰符。在声明成员变量时，用static关键字修饰的变量称作类变量，也称static变量或静态变量，而没有用static关键字修饰的变量称作实例变量。与静态变量相似，用static修饰符修饰的方法属于类的静态方法，又称类方法。静态方法实质上是属于整个类的方法，而不加 static 修饰符的方法是属于某个具体对象的方法，被称为实例方法。

3.7.1 实例变量与类变量

首先，不同对象的实例变量互不相同。在一个类中使用 new 运算符可以创建多个不同的对象，这些对象将被分配不同的实例变量，分配给不同的对象的实例变量占有不同的内存空间，改变其中一个对象的实例变量不会影响其他对象的实例变量。

其次，所有对象共享类变量。如果类中有类变量，则当使用 new 运算符创建多个不同的对象时，分配给这些对象的类变量占有相同的内存，改变其中一个对象的类变量会影响其他对象的类变量，这就是对象共享类变量。

最后，类变量不仅可以通过某个对象访问，还可以直接通过类名访问。而对象的实例变量只能通过该对象访问，而不能使用类名访问。原因是当执行 Java 程序时，类的字节码文件会被加载到内存中，如果该类没有创建对象，则类中的实例变量不会被分配内存空间。但是，类中的类变量在该类被加载到内存时，就被分配了相应的内存空间。如果该类创建对象，那么不同对象的实例变量互不相同，即分配不同的内存空间；而类变量不再重新分配内存空间，所有对象共享类变量，即所有对象的类变量都占用相同内存空间，直到程序退出运行才释放所占内存空间。类变量的优点是可以减少开辟新的内存空间，直接引用固有变量，缺点是会造成对象之间的耦合。

3.7.2 实例方法与类方法

对象可以调用实例方法。当类的字节码文件被加载到内存中时，类中的实例方法不会被分配入口地址，只有在该类创建对象后，类中的实例方法才会被分配入口地址，从而被类创建的任何对象调用和执行。需要注意的是，在创建第一个对象时，类中的实例方法就被分配了入口地址，当再次创建对象时，无须分配入口地址。也就是说，方法的入口地址被所有的对象共享，当所有的对象都不存在时，方法的入口地址才会被取消。

在实例方法中不仅可以操作实例变量，还可以操作类变量。当对象调用实例方法时，该方法中出现的实例变量和类变量都是分配给该对象的变量，只不过其类变量要和其他所有的对象共享而已。

对于类方法，既可以通过类名调用，也可以通过对象名调用。在类被加载到内存中时，就分配到了相应的入口地址，因此类方法不仅可以被类创建的任何对象调用执行，还可以直接通过类名调用。类方法的入口地址直到程序退出才会被取消。需要特别注意的是，实例方法不能通过类名调用，是因为在类创建对象之前，实例变量还没有被分配内存空间，所以类方法不能操作实例变量。

如果一个方法不需要操作类中的任何实例变量就可以满足程序的需要，那么可以考虑将这样的方法设计为一个 static 方法，并且推荐通过类名直接调用。

【例 3.2】 静态成员和实例成员示例

```
package c03;
public class Example3_02 {
    public static void main(String[] args) {
        Chinese c1 = new Chinese("Jack");
        Chinese c2 = new Chinese("JOJO");
        Chinese.singOurCountry();
        c1.singOurCountry();
        c2.sing();
        Chinese.country = "American";
        c2.sing();
    }
}

class Chinese {
    static String country = "中国";
    String name;
    int age;
    public Chinese() {
    }
    public Chinese(String name) {
        this.name = name;
    }
    void sing() {
        System.out.println(country + name);
    }
    static void singOurCountry() {
        System.out.println(country );
    }
}
```

3.7.3　静态初始化块

静态初始化块是由 static 关键字修饰的，由一对花括号构成的语句组。它的作用与类的构造方法有些相似，都是用来做初始化工作的，它们的不同点如下。

（1）构造方法会对每个新创建的对象进行初始化，而静态初始化块会对类自身进行初始化。

（2）构造方法是在用 new 运算符创建新对象时由系统自动执行的，而静态初始化块一般不能由程序调用，它在类被加载入内存时由系统调用执行。

（3）用 new 运算符创建多少个新对象，构造方法就会被调用多少次，而静态初始化块只会在类被载入内存时执行一次，与创建多少个对象无关。

（4）不同于构造方法，静态初始化块不是方法，因此没有方法名、返回值和参数。

```
static {
    int x = 8 ;
    System.out.println x );
}
```

3.8 this 关键字

this 关键字用于在 Java 语言中表示某个对象，可以出现在实例方法和构造方法中，但不可以出现在类方法中，使用方式基本有 3 种。

【例 3.3】 this 关键字的 3 种用法示例

```
package c03;
public class Example3_03 {
   public static void main(String[] args) {
      Person p = new Person("Jack",18);
      p.ageAdd().ageAdd();
      System.out.println(p.age);
   }
}
class Person {
   String name;
   int age;
   public Person() {
   }
   public Person(String name) {
      this.name = name;       //1. 指代类变量
   }
   public Person(String name, int age) {
      this(name);             //2. 指代 Person(String name)构造方法
```

```
        this.age = age;
    }
    public void setName(String name) {
        this.name = name;
    }
    public Person ageAdd() {
        this.age++;
        return this;           //3. 指代对象自己
    }
}
```

3.9 包

包（Package）是 Java 语言提供的一种区别类名空间的机制，是类的组织方式。每个包对应一个文件夹，包中可以嵌套其他包，称为包等级结构。包是 Java 语言管理类的一个机制，不同的 Java 源文件中可能出现名字相同的类，如果想区分这些类，就需要使用包名。

在使用 package 关键字声明包时，包语句应该作为 Java 源文件中的第一条语句，指明该源文件定义的类所在的包即该源文件中声明的类指定包，一般的语法格式如下。

```
package 包名;
```

包名既可以是一个合法的标识符，也可以是若干个标识符加“.”，示例如下。

```
package cn.edu.zust.itee;
```

包等级结构中的根文件夹是由环境变量 ClassPath 来确定的。在 Java 源文件中若没有使用 package 关键字声明类所在的包，则 Java 默认包的路径是当前文件夹。默认包没有包名，即无名包，无名包中不能有子包。如果一个类有包名，那么就不能在任意位置存放，否则虚拟机将无法加载这样的类。

JDK 的常用包有 java.lang、java.io、java.util、java.net、java.awt、javax.swing 等。

3.10 import

一个类可能需要将另一个类声明的对象作为自己的成员或方法中的局部变量，如果这两个类在同一个包中，那么自然没有问题。但是，如果这两个类不在同一个包中，这时就必须使用 import 语句。

使用 import 语句可以引入包中的类，在编写源文件时，除了自己编写类，还经常需要使用 JDK 提供的许多类，这些类可能在不同的包中。为了使用 Java 语言提供的类，可以使用 import 语句引入包中的类。在一个 Java 源程序中可以有多个 import 语句，它们必须写在 package 语句（假如有 package 语句）和源文件中类的定义之间。如果要引入一个包中的全部类，则可以用通配符号星号“*”来代替，但请注意，使用“*”只能表示本层次的所有类，而不包括子层次下的类，示例如下。

```
import java.util.*;         //表示引入 java.util 包中所有的类
import java.util.Date;     //表示引入 java.util 包中的 Date 类
```

另外，Java 编译器会为所有程序自动隐式导入 java.lang 包，因此程序员无须用 import 语句导入便可使用其中的类。

3.11 Java 访问权限

所谓访问权限是指对象是否可以通过“.”运算符操作自己的变量或调用类中的方法。访问控制符有 private、protected 和 public，这些都是 Java 的关键字，用来修饰类、成员变量和方法。

封装也称信息隐藏，是面向对象程序设计最重要的特性之一，使用访问控制符可以实现封装性。基本原则是对类中成员变量（数据）封闭，不允许外部程序直接访问，而是通过该类提供的方法来实现对隐藏信息的操作和访问，提供开放的 getter()方法和 setter()方法，即通过 private 数据，利用 public 接口实现对对象属性的访问。

1. private

用 private 修饰的类成员，只能被该类自身的方法访问和修改。

2. default（默认）

如果一个类或类中成员没有访问控制符，则说明它具有默认的访问控制特性。这种默认的访问控制特性规定，该类只能被同一个包中的类访问和引用，而不能被其他包中的类使用，这种访问特性又称包访问性。

3. protected

用保护访问控制符 protected 修饰的类成员可以被 3 种类访问：该类自身、与它在同一个包中的其他类，以及在其他包中的该类的子类。使用 protected 的主要作用是，允许其他包中的子类来访问其父类的特定属性和方法，否则可以使用默认访问控制符 default。

4. public

当一个类或类中成员被声明为 public 时，就可以被其他任何类所访问了，该类中被设定为 public 的方法也称这个类对外的接口。

【例 3.4】访问控制符使用示例

```
package c03;
public class Example3_04 {
    public static void main(String[] args) {
        Student s = new Student();
        s.mail = "Jack@163.com";
        s.name = "Jack";
        //stu.no = "1001";  //非法访问
        s.setNo(1001);
        s.getNo();
        System.out.println(s.name + s.getNo());
    }
}
class Student {
        private int no;
        String name;
        protected int age;
        public String mail;
        public int getNo() {
            return no;
        }
        public void setNo(int no) {
            this.no = no;
        }
    }
```

3.12　Java 基本数据类型的类封装

Java 基本数据类型包括 boolean、byte、short、char、int、long、float 和 double。Java 语言同时提供了与基本数据类型相关的类，实现了对基本数据类型的封装。这些类在 java.lang 包中，分别对应 Boolean、Byte、Short、Character、Integer、Long、Float、Double 类。

【例 3.5】Character 类的使用示例

```
package c03;
public class Example3_05 {
```

```
  public static void main(String args[ ]) {
     char[] c={'a','b','c','D','E','F'};
     for(int i=0;i<c.length;i++) {
         if(Character.isLowerCase(c[i])) {
            c[i]=Character.toUpperCase(c[i]);
        }
        else if(Character.isUpperCase(c[i])) {
            c[i]=Character.toLowerCase(c[i]);
        }
     }
         for (char value : c) System.out.print(" " + value);
  }
}
```

将基本数据类型转换为包装类的过程被称为装箱，如把 int 型的对象包装成 Integer 类。将包装类转换为基本数据类型的过程被称为拆箱，如把 Integer 类的对象重新简化为 int 型。

手动实例化一个包装类被称为手动拆箱/装箱。Java 1.5 版本之前必须手动拆箱和装箱，之后可以自动进行，即在进行基本数据类型和对应的包装类转换时，系统将自动进行装箱及拆箱操作，示例如下。

```
Integer x = 100, y = 200;                    //自动装箱
Integer x=new Integer(100);                  //手动装箱
Integer y=new Integer(200);
Integer z = x + y;                           //自动拆箱再装箱
Integer(x.intValue()+y.intValue());          //手动拆箱再装箱
```

【例 3.6】 Integer 类的使用示例

```
package c03;
public class Example3_07 {
  public static void main(String[] args) {
     int num = 100;
     String str = Integer.toString(num);           // 将数字转换成字符串
     String str1 = Integer.toBinaryString(num);    // 将数字转换成二进制
     String str2 = Integer.toHexString(num);       // 将数字转换成八进制
     String str3 = Integer.toOctalString(num);     // 将数字转换成十六进制
     System.out.println(str + "的二进制数是：" + str1);
     // 获取 int 型可取的最大值
     System.out.println("Integer 的最大值：" + Integer.MAX_VALUE);
```

```
        // 获取 int 型的二进制位
        System.out.println("Integer 的最大值: " +  Integer.SIZE );
    }
}
```

3.13 垃圾回收

JRE 提供了一个系统的垃圾回收器，负责自动回收那些没有被引用的对象所占用的内存空间，这种清除无用对象进行内存回收的过程就叫作垃圾回收。

垃圾回收有两个好处。

（1）它把程序员从复杂的内存追踪、监测、释放等工作中解放了出来。

（2）它防止了系统内存被非法释放，从而使系统更加稳定。

同时，垃圾回收还有 3 个特点。

（1）只有当一个对象不被任何引用类型的变量使用时，它占用的内存空间才可能被垃圾回收器回收。

（2）不能通过程序强迫垃圾回收器立即执行。垃圾回收器负责释放没有引用与之关联的对象所占用的内存空间，但是回收的时间对程序员是透明的。在任何时候，程序员都不能通过程序强制垃圾回收器立即执行，但可以通过调用 System.gc()或者 Runtime.gc()方法提示垃圾回收器进行内存空间回收操作，但不能确保垃圾回收器立即执行。

（3）当垃圾回收器要释放无用对象占用的内存空间时，会先调用该对象的 finalize()方法。在 Java 语言中，对象的回收是由系统进行的，但有一些任务需要在回收时进行，如清理一些非内存资源、关闭打开的文件等。这可以通过覆盖对象中的 finalize()方法来实现，因为系统在回收时会自动调用对象的 finalize()方法。

3.14 小结

1．类是对象的模板，对象是类的实例。

2．封装、继承、多态是面向对象程序设计的三大要素。

3．封装是指把变量和方法包装在一个类内，以限定成员的访问，从而达到保护数据的目的。

4．this 关键字指代对象本身或代表调用该成员的对象。

5．在一个对象被创建之后，在调用该对象中的方法时，不定义对象的引用变量，而直接调用这个对象的方法，这样的对象被称为匿名对象。

6．用 private 修饰的类成员被称为类的私有成员（Private Member）。私有成员无法从该类的外部访问，只能被该类自身访问和修改，而不能被任何其他类（包括该类的子类）获取或引用；如果在类的成员声明的前面加上修饰符 public，则该成员为公共成员，表示该成员可以被所有其他的类所访问。

7．重载是指在同一个类中定义多个具有相同名称的方法。对于这些同名的方法，其参数的个数不同或者参数的个数相同但类型不同，便可以具有不同的功能。

8．构造方法可以被视为一种特殊的方法，它的主要功能是帮助创建的对象赋初值。

9．构造方法有公共（Public）与私有（Private）之分，公共构造方法可以在程序的任何地方调用，所以新创建的对象均可自动调用它，而私有构造方法则无法在该构造方法所在的类以外的地方被调用。

10．如果一个类没有定义构造方法，则 Java 编译器会自动为其生成默认的构造方法。默认的构造方法中没有任何参数，方法体内也没有任何语句的构造方法。

11．实例变量与实例方法、静态变量与静态方法是不同的成员变量与成员方法。

12．基本类型的变量是指由 int、double 等关键字所声明而得到的变量，而由类声明而得到的变量称为类变量，属于引用类型变量的一种。

13．Java 语言具有垃圾自动回收的功能。

本章练习

一、思考题

1．类的构造方法的作用是什么？它有哪些特性？

2．什么是方法的重载？它有哪些特性？

3．静态方法与实例方法有哪些不同？

4．在一个静态方法内调用一个非静态成员为什么是非法的？

二、编程题

编写一个学生类（Student），包含以下内容。

属性：学号 no，姓名 name，性别 sex，年龄 age。

方法：构造方法，setter()方法和 getter()方法。

测试类 Test，包含以下内容。

主方法 main()，在其中创建并初始化两个学生对象 s1 和 s2，这两个对象的属性可以自行确定，分别显示这两个学生的学号、姓名、性别、年龄，修改 s1 的年龄并显示修改后的结果。

三、写出下列程序的运行结果

1.

```
public class Test1 {
  static String x = "1";
  static int y;
  public static void main(String args[]) {
     int z = 2;
     System.out.println(x + y + z);
     char ch1 = 'A', ch2 = 'w';
     if (ch1 + 2 < ch2)
        ++ch1;
     System.out.println(ch1);
  }
}
```

2.

```
public class Test2 {
    static int x = 1;
    int y;
    StaticTest() {
        y++;
    }
    static {
        x++;
    }
    public static void main(String[] args) {
      StaticTest st = new StaticTest();
      System.out.println("x=" + x);
      System.out.println("st.y=" + st.y);
      st = new StaticTest();
      System.out.println("st.y=" + st.y);
    }


}
```

3.

```
public class Test3{
```

```
    public static void swap(String s,char[] c,int i){
        s = "good";
        c[0] = 'd';
        i = 3;
    }
    public static void main(String args[]){
        String s = "abc";
        char[] c ={'a','b'};
        int   i = 8;
        swap(s, c, i);
        System.out.print(s);
        System.out.print(c[0]);
        System.out.print(i);
    }
}
```

第 4 章

继承与接口

学习目的和要求

本章重点介绍类的继承和多态的实现等 Java 语言特性。通过对本章的学习，需要掌握类的继承和多态的实现方法，理解多态对于构建更具有健壮性和可扩展性程序的重要性。

主要内容

- 类的继承
- super 关键字
- final 关键字
- Object 类
- 上转型对象
- 多态
- instanceof 运算符
- 抽象类
- 接口
- 枚举

4.1 类的继承

类的继承是面向对象程序设计的一个重点。通过继承可以实现代码的复用，被继承的类被称为父类或超类（SuperClass），由继承而得到的类称为子类（SubClass）。一个父类可以同时拥有多个子类，但由于 Java 语言不支持多重继承，所以一个类只能有一个直接父类。父类实际上是所有子类的公共成员的集合，而每一个子类都是父类的特殊化，是对公共成员变量和方法在功能、内涵方面的扩展和延伸。

子类会继承父类可访问的成员变量和成员方法，同时修改父类的成员变量或重写父类的成员方法，还可以添加新的成员变量或成员方法。采用继承机制来组织、设计系统中的类，可以提高程序的抽象程度，使之更接近于人类的思维方式，同时较好地实现代码重用，提高程序开发效率，降低维护的工作量。

在 Java 语言中有一个名为 java.lang.Object 的特殊类，所有的类都是通过直接或间接地继承该类得到的。

4.1.1 子类的创建

Java 语言中类的继承是通过 extends 关键字来实现的，在定义类时若使用 extends 关键字指出新定义类的父类，就是在两个类之间建立了继承关系。新定义的类被称为子类，它可以从父类那里继承所有非私有成员作为自身的成员。在声明类时使用 extends 关键字来创建该类的子类，其语法格式如下。

```
class SubClass extends SuperClass    {
    ⋮
}
```

上述语句把 SubClass 类声明为 SuperClass 类的直接子类，如果不使用 extends 关键字，则该类默认为 Object 类的子类。因此，在 Java 语言中，所有的类都是通过直接或间接地继承 Object 类得到的。

子类的每个对象也是其父类的对象，这是继承性的“即是”性质。也就是说，若 SubClass 类继承 SuperClass 类，则 SubClass 类就是 SuperClass 类，所以在任何可以使用 SuperClass 实例的地方，都允许使用 SubClass 实例，反之则不然，父类的对象不一定是其子类的对象。

```
class Animal {
   private String name;
   public Animal() {
   }
   public void eat() {
   }
   public void cry() {
   }
}
class Dog extends Animal{
}
```

4.1.2　成员变量的隐藏与方法重写

在编写子类时，仍然可以声明成员变量，一种特殊的情况是，所声明的成员变量的名字和从父类继承的成员变量的名字相同，而声明的类型不同。在这种情况下，子类会隐藏所继承的成员变量。子类隐藏继承的成员变量的特点如下。

（1）在子类对象及其定义的方法中，与父类同名的成员变量是指子类重新声明的成员变量。

（2）子类对象仍然可以通过调用从父类继承的方法来操作被子类隐藏的成员变量，也就是说，子类继承的方法所操作的成员变量一定是被子类继承或隐藏的成员变量。

注意以下内容。

子类继承的方法只能操作子类继承和隐藏的成员变量，而子类新定义的方法可以操作子类继承和子类新声明的成员变量，但无法操作子类隐藏的成员变量。

子类通过重写可以隐藏已继承的方法，方法重写也称方法覆盖。如果子类可以继承父类中的某个方法，那么子类就有权利重写这个方法。方法的重写应满足以下条件。

（1）方法名、返回值类型和参数列表完全相同。

（2）访问控制范围不能被缩小。例如，子类重写父类的方法，该方法在父类中的访问权限是 protected 级别，子类在对其进行重写时不允许级别低于 protected。

（3）抛出的异常不能被扩大。

```
class Animal {
   private String name;
   public Animal() {
   }
   public void eat() {
   }
   public void cry() {
      System.out.println("Animal Cry");
   }
}
class Dog extends Animal{
   public void cry() {
      System.out.println("Dog Cry");
   }
}
```

4.2 super 关键字

使用 super 关键字可以操作被隐藏的成员变量和方法。子类一旦隐藏了继承的成员变量，那么子类创建的对象就不再拥有该变量，该变量将归 super 关键字所有。同样，子类一旦隐藏了继承的方法，那么子类创建的对象就不能调用被隐藏的方法，该方法的调用由 super 关键字负责。因此，如果想在子类中使用被隐藏的成员变量或方法，就需要使用 super 关键字。

使用 super 关键字调用父类的构造方法。当用子类的构造方法创建一个子类的对象时，子类的构造方法总是先调用父类的某个构造方法，也就是说，如果子类的构造方法没有明确地指明使用父类的哪个构造方法，那么子类会调用父类的不带参数的构造方法。

由于子类不继承父类的构造方法，因此在子类的构造方法中需要使用 super 关键字来调用父类的构造方法，而且 super 关键字所在的语句必须是子类构造方法中的第一条语句，即如果在子类的构造方法中没有明确地写出使用 super 关键字来调用父类的哪个构造方法，那么默认有“super ()”。

【例 4.1】 super 的几种用法示例

```
package c04;
public class Example4_01{
   public static void main(String[] arg) {
      Base p1 = new Base();
      Son  p2 = new Son();
      p1.print();
      p2.print();
   }
}
class Base {
   int x = 2;
   int y = 3;
   public void print() {
      System.out.println("Base: x=" + x + " y=" + y);
   }
}

class Son extends Base {
   int x = 20;
```

```
    public void print() {
        int z = super.x + 6;        //1. 指父类的被隐藏成员 x
        super.x = 5;
        super.print();              //2. 指父类的被隐藏方法 print()
        x = 6;
        System.out.println("Son: z=" + z + " x=" + x
                        + " super.x=" + super.x + " y="
                            + y + "super.y=" + y);
    }
}
```

4.3 final 关键字

使用 final 关键字可以修饰类、成员变量和方法中的局部变量，还可以将类声明为 final 类。final 类不能被继承，即不能有子类。

出于安全性的考虑，一般将一些类修饰为 final 类。例如，java.lang 包提供的 String 类对于编译器和解释器的正常运行有很重要的作用，而 Java 程序不允许用户程序扩展 String 类，为此会将它修饰为 final 类。

如果使用 final 关键字修饰父类的一个方法，那么这个方法不允许被子类重写，也就是说，不允许子类隐藏可以继承的 final 方法。

如果成员变量或局部变量被修饰为 final 类，那么它就是常量。由于常量在运行期间不允许发生变化，所以常量在声明时没有默认值，这就要求程序在声明常量时必须指定该常量的值。

【例 4.2】final 关键字用法示例

```
package c04;
public class Example4_02 {
  public static void main(String[] args) {
     int x = 88 ;
     new FinalDemo().go();
     new FinalDemo().go(x);
     System.out.println(x);
  }
}
class FinalDemo{
  static final int x = 8;
```

```
    void go(){
        System.out.println(x + 1);
        //System.out.println(++x);     //非法语句，x是常量不能被改变
    }
    void go(int x) {
        System.out.println(++x);       //合法语句，x是方法局部变量
    }
}
```

4.4 Object 类

Object 类是 java 中最重要的类，它是所有 java 类的基类，即所有 java 类都直接或间接地是 Object 类的子类，该类有以下常用的方法。

4.4.1 toString()方法

toString()方法用于返回 java 对象的字符串表示形式。在实际的开发过程中，Object 类的 toString()方法可以被重写，其源码格式如下。

```
public String toString() {
    return getClass().getName() + "@"
                    + Integer.toHexString(hashCode());
}
```

Object 类的 toString()方法返回值为：将类名@哈希算法得出的 int 型数值转换成十六进制，这个输出结果可以看作是该 java 对象在堆中的内存地址。

4.4.2 equals()方法

java 对象的 equals()方法的设计目的为：判断两个对象内容是否一样，通常一个对象会有很多属性，在比较两个对象是否相等时，一般是看这些属性的值是否相等，所以需要通过调用其中的 equals()方法进行比较。需要注意的是，要先重写 equals()方法，在该方法中编写比较规则，如果没有重写，则会默认调用 Object 类的 equals()方法，其源码格式如下。

```
public boolean equals(Object obj) {
     return (this == obj);
}
```

如果使用“==”比较引用类型，那么比较的是两个对象的内存地址，地址相同是 true，反之是 false。Object 类的 equals()方法比较的是两个引用的内存地址。但是在现实的业务逻辑中，不应该比较内存地址，而应该比较地址中的内容，所以需要对 equals()方法进行重写。例如，在 String 类中，已经重写了 toString()方法，通过重写 equals()方法，使得以下语句中的 s1.equals(s2)为 true。

```
String s1 = new String("abc");
String s2 = new String("abc");
System.out.println(s1==s2);            //false
System.out.println(s1.equals(s2));     //true
```

4.4.3 getClass()方法

getClass()方法是 Java 反射机制中很重要的方法。在 Java 程序中，一切都是对象，每个字节码文件在 JVM 中也是一个对象（这不是通过 new 运算符创建的普通对象）。在要获取某个字节码对象的时候，可以使用 getClass()方法。一个字节码文件在 JVM 中只有一个字节码对象，利用这一点可以判断两个对象是否是同一类型的。

【例 4.3】 getClass()方法示例

```
package c04;
public class Example4_03 {
   public static void main(String[] args) {
      Animal a = new Cat();
      System.out.println(isDogA(a));
      System.out.println(isDogB(a));
   }
   public static boolean isDogA(Animal a) {
      if (a instanceof Dog) {
         return true;
      } else {
         return false;
      }
   }
   //判断某个动物对象是不是狗类型
   public static boolean isDogB(Animal a) {
      Dog d = new Dog();
      System.out.println(a.getClass());
```

```
        if (a.getClass() == d.getClass()) {
            return true;
        } else {
            return false;
        }
    }
}
class Animal {
}
class Dog extends Animal {
}
class Cat extends Animal {
}
```

4.5 上转型对象

在例4.3的继承关系中，可以知道Dog、Cat都是Animal，但是当定义猫是动物时，猫会失掉自己独有的属性和功能。从人类的思维方式上看，“猫是动物”属于上溯思维方式，这种思维方式和Java语言中的上转型对象类似。

假设Animal类是Cat类的父类，当用子类创建一个对象，并把这个对象的引用放到父类的对象中时，其源码格式如下。

```
Animal a = new Cat();
```

或者如下所示。

```
Animal a;
Cat c=new Cat();
a = c;
```

这时称对象a是对象c的上转型对象，如同“猫是动物”。上转型对象的实体是子类负责创建的，但上转型对象会失去原对象的一些属性和功能。

上转型对象具有以下特点。

（1）上转型对象不能操作子类新增的成员变量，不能调用子类新增的方法。

（2）上转型对象既可以访问子类继承或隐藏的成员变量，也可以调用子类继承的方法或子类重写的实例方法。上转型对象在操作子类继承的方法或子类重写的实例方法时，其作用等价于子类对象调用这些方法。因此，如果子类重写了父类的某个实例方法，那么当对象的上转型对象调用这个实例方法时，一定会调用子类重写的实例方法。

4.6　多态

多态是指不同的对象在收到同一个消息后会产生完全不同的效果，或者同一个行为具有多个不同的表现形式及形态的能力；在实现上是指当父类的某个方法在被其子类重写时，可以自行产生功能和行为。多态的效果是用户发送一个通用的消息，而实现的细节则由接收对象自行决定。

多态的作用如下。

（1）增强操作的透明性、可理解性和可扩展性。

（2）增强软件的灵活性和重用性。

实现多态的 3 个必要条件为：继承、重写、上转型对象。

【例 4.4】多态示例 1——通过方法返回上转型对象

```
package c04;
public class Example4_04 {
   public static Animal randAnimal() {
       switch ((int) (Math.random() * 2)) {
           default:
           case 0:
               return new Dog();
           case 1:
               return new Cat();
       }
   }
   public static void main(String[] args) {
       Animal[] s = new Animal[4];
       for (int i = 0; i < s.length; i++)
           s[i] = randAnimal();
       for (int i = 0; i < s.length; i++)
           s[i].cry();
   }
}
class Animal {
   public void cry(){
   }
}
class Dog extends Animal {
   public void cry(){
```

```
        System.out.println("Dog WangWang");
    }
}
class Cat extends Animal {
    public void cry(){
        System.out.println("Cat MiaoMiao");
    }
}
```

【例 4.5】 多态示例 2——通过方法参数返回上转型对象

```
public class Example4_05 {
    public void show(Animal a) {
        a.cry();
    }
    public static void main(String[] args) {
        Example4_05 ex = new Example4_05();
        ex.show(new Cat());
        ex.show(new Dog());
        Animal a = null;
        a = new Cat();
        a.cry();
        a = new Dog();
        a.cry();
    }
}
```

4.7 instanceof 运算符

instanceof 运算符是 Java 语言中的一个双目运算符，用于判断一个对象是否为一个类（或接口、抽象类、父类）的实例，其语法格式如下。

```
boolean result = obj instanceof Class;
```

【例 4.6】 instanceof 运算符使用示例

```
package c04;
public class Example4_06 {
    public static Object animalCall(Animal a) {
```

```
        String s = "It is a Cat";
        // 判断参数 a 是不是 Cat 类的对象
        return a instanceof Cat ? (Cat) a : s;
    }
    public static void main(String[] args) {
        Cat c = new Cat();
        Dog d = new Dog();
        System.out.println(animalCall(c));
        System.out.println(animalCall(d));
    }
}
```

4.8　抽象类

用 abstract 关键字修饰的类被称为 abstract 类，即抽象类，其语法格式如下。

```
abstract class Shape {
}
```

用 abstract 关键字修饰的方法被称为 abstract 方法，即抽象方法，其语法格式如下。

```
abstract void draw();
```

对于 abstract 方法，只允许声明，不允许实现，即没有方法体；不允许 abstract 关键字和 final 关键字同时修饰一个方法或类；不允许使用 static 关键字修饰，即 abstract 方法必须是实例方法。

abstract 类中可以有 abstract 方法，也可以有非 abstract 方法，而非 abstract 类中不可以有 abstract 方法，示例如下。

```
abstract class Shape {
    abstract void draw();
    void erase(){
        System.out.println("erase all!");
    }
}
```

对于 abstract 类，不能使用 new 运算符创建该类的对象，如果一个非 abstract 类是某个 abstract 类的子类，那么它必须重写父类的抽象方法，并给出方法体，这也是不允许使用 final 关键字和 abstract 关键字同时修饰一个方法或类的原因。

程序员可以使用 abstract 类声明对象，尽管不能使用 new 运算符创建该对象，但是该对象可以成为其子类对象的上转型对象，这样该对象就可以调用子类重写的方法了。

4.9 接口

接口是 Java 语言中一种重要的数据类型，可以使用 interface 关键字来定义。接口的定义和类的定义十分相似，分为接口声明和接口体，本质上依然是类，编译后同样为.class 文件，功能上类似于 C++语言的纯虚类，其语法格式如下所示。

```
interface Printable {
   public static final int MAX=100;          //等价写法：int MAX=100;
   public abstract void add();               //等价写法：void add();
}
```

接口体包含常量的声明和抽象方法两部分。JDK 8 之前版本的接口体中只有抽象方法，后增加了 default 方法和静态方法，示例如下。

```
public interface Printable {
   public static final int MAX = 100;
   public abstract void on();
   public default int max(int a,int b) {    //default 方法
       return a>b?a:b;
   }
   public static void f ()  {
       System.out.println("接口的静态方法，属于接口本身！");
   }
}
```

4.10 实现接口

Java 语言只支持单继承，为实现类似 C++语言的多继承功能引入了接口概念，在语法上允许一个类实现多个接口。使用 implements 关键字声明类，实现一个或多个接口，示例如下。

```
class A implements Printable,Addable {
}
class Dog extends Animal implements Eatable,Cryable{
```

```
}
```

如果一个类实现了某个接口，那么这个类自然就拥有了接口中的常量，该类也可以重写接口中的 default 方法（注意，重写时需要去掉 default 关键字）。

如果一个非 abstract 类实现了某个接口，那么这个类必须重写该接口的所有 abstract 方法，即去掉 abstract 关键字并给出方法体。

特别需要注意的是，类可以实现某接口，但类不可以拥有接口的 static 方法。

接口也是可以被继承的，即通过 extends 关键字声明一个接口是另一个接口的子接口。由于接口中的方法和常量都是共有的，所以子接口将继承父接口中的全部方法和常量。

【例 4.7】接口的继承及类实现接口示例

```
package c04;
public class Example4_07 {
   static void t(CanFight x) {
      x.fight();
   }
   static void u(CanSwim x) {
      x.swim();
   }
   static void v(CanFly x) {
      x.fly();
   }
   static void w(ActionCharacter x) {
      x.fight();
   }
   public static void main(String[] args) {
      Hero h = new Hero();
      t(h); // Treat it as a CanFight
      u(h); // Treat it as a CanSwim
      v(h); // Treat it as a CanFly
      w(h); // Treat it as an ActionCharacter
   }
}
interface CanFight {
   void fight();
}
interface CanSwim {
```

```
    void swim();
}
interface CanFly {
    void fly();
}

class ActionCharacter {
    public void fight() {
    }
}
class Hero extends ActionCharacter
                implements CanFight, CanSwim, CanFly {
    public void swim() {
    }
    public void fly() {
    }
}
```

4.11 接口回调

接口回调是C语言中指针回调的术语，表示一个变量的地址在某个时刻存放在一个指针变量中，指针变量可以间接操作该变量中存放的数据。

如果把实现某个接口的类创建的对象的引用赋值给该接口声明的接口变量，那么该接口变量就可以调用被类重写的接口方法以及接口中的 default 方法了。注意接口无法调用类中的非接口方法。

接口回调是指上转型对象调用子类的重写方法，即当接口变量调用被类重写的接口方法或接口中的 default 方法时，会通知相应的对象调用这个方法。

【例 4.8】 接口回调和多态示例

```
package c04;
public class Example4_08 {
    public static void main(String[] args) {
        PCI p = null;                         //声明接口变量
        p = new NetworkCard();                //上转型对象
        p.start();                            //接口回调
```

```
        p = new SoundCard();
        p.start();
        MainBoard mb = new MainBoard();
        NetworkCard nc = new NetworkCard();
        mb.usePCICard(nc);
        SoundCard sc = new SoundCard();
        mb.usePCICard(sc);
    }
}
interface PCI {
    void start();
    void stop();
}
class NetworkCard implements PCI {
    public void start() {
        System.out.println("Send ...");
    }
    public void stop() {
        System.out.println("Network Stop.");
    }
}
class SoundCard implements PCI {
    public void start() {
        System.out.println("Du du...");
    }
    public void stop() {
        System.out.println("Sound Stop.");
    }
}
class MainBoard {
    public void usePCICard(PCI p) {   //方法参数上转型实现多态
        p.start();
        p.stop();
    }
}
```

4.12 枚举

从 Java 5 版本开始增加了对枚举类型的支持。当一个变量有几种固定取值时，将其声明为枚举类型，在应用上会更加方便与安全。

枚举是一种特殊的类，所以枚举也称枚举类，是一种引用类型。它的声明和使用与类和接口相似。枚举类的声明必须使用 enum 关键字，其语法格式如下。

```
 public enum Week{
   枚举成员
   方法
 }
public enum Season {
    SPRING, SUMMER, AUTUMN, WINER;
}
```

定义枚举所使用的 enum 关键字与 class 和 interface 关键字的地位相同。枚举这种特殊的类与普通类有以下区别。

（1）枚举可以实现一个或多个接口，使用 enum 关键字声明的枚举默认继承了 java.lang.Enum 类，而非继承 java.lang.Object 类，因此枚举不能显式地继承其他类。

（2）在使用 enum 关键字定义非抽象的枚举类时，默认使用 final 关键字修饰，因此枚举类不能派生子类。

（3）在创建枚举类的对象时不能使用 new 运算符，而是直接将枚举成员赋值给枚举对象。

（4）因为枚举是类，所以它可以有自己的构造方法及其他方法。但构造方法只能使用 private 修饰，如果省略，则默认使用 private 修饰；如果强制使用访问控制符，则只能使用 private。

（5）枚举的所有枚举成员必须在枚举体的第一行显式列出，否则该枚举不能产生枚举成员。

Enum 类的常用方法如下。

- values()：以数组形式返回枚举类型的所有成员。
- valueOf()：将普通字符串转换为枚举实例。
- compareTo()：比较两个枚举成员在定义时的顺序。
- ordinal()：获取枚举成员的索引位置。

【例 4.9】 无方法的枚举示例

```
package c04;
```

```
enum Direction {
  EAST, SOUTH, WEST, NORTH
}
public class Example4_09 {
  public static void main(String[] args) {
      Direction dir = Direction.EAST;
      Direction dir1 = Direction.valueOf("NORTH");
      System.out.print(dir);
      System.out.println("  " + dir1);
      for (Direction d : Direction.values())
          System.out.println("序号:" + d.ordinal()
                                                   + " 的值为: " + d.name());
  }
}
```

【例 4.10】有方法的枚举示例

```
package c04;
enum Season {
  SPRING(1), SUMMER(2), AUTUMN(3), WINTER(4);
  private int code;
  private Season(int code) {
      this.code = code;
  }
  public int getCode() {
      return code;
  }
}
public class Example4_10 {
  public static void main(String[] arg) {
      Season ss = Enum.valueOf(Season.class, "SUMMER");
      System.out.println(ss);
      for (Season s : Season.values())
          System.out.println(s.name() + " code is " + s.getCode() )
  }
}
```

4.13 小结

1．通过 extends 关键字，可以实现子类和父类之间的继承关系。

2．当父类有多个构造方法时，如果要调用特定的构造方法，则可以在子类的构造方法中，通过 super 关键字来调用。Java 程序在执行子类的构造方法之前，如果没有用 super 关键字来调用父类中特定的构造方法，则会先调用父类中没有参数的构造方法。其目的是帮助继承自父类的成员进行初始化操作。

3．this 关键字与 super 关键字的使用异同。

4．重载是指在同一个类中定义名称相同但参数个数或类型不同的多个方法。Java 程序可以根据参数的个数或类型来调用对应的方法。而覆盖是指在子类中定义名称、参数个数与类型均与父类相同的方法，用以覆盖父类中的方法。

5．final 关键字的两个作用。

6．无论是自定义的类，还是 Java 内置的类，所有的类均继承自 Object 类。

7．Java 语言的抽象类是专门用作父类的，所以抽象类不能直接用来创建对象。抽象类的目的是要用户根据它的格式来修改并创建新的类。

8．接口的结构和抽象类非常相似，它也具有数据成员、抽象方法、默认方法和静态方法，但与抽象类有两点不同。

（1）接口的数据成员都是静态的且必须初始化。

（2）接口中的抽象方法必须全部声明为 public abstract。

9．Java 语言不允许类的多重继承，但利用接口可以实现多重继承。

10．枚举是一种特殊的类，它是一种引用类型。

本章练习

一、思考题

1．子类将继承父类的所有成员吗？为什么？

2．在调用子类的构造方法之前，若没有指定调用父类的特定构造方法，则会先自动调用父类中没有参数的构造方法，其目的是什么？

3．什么是多态机制？Java 语言是如何实现多态的？

4．方法的覆盖与方法的重载有何不同？

5．this 关键字和 super 关键字分别有什么特殊的含义？

6．如何定义接口？接口与抽象类有哪些异同？

二、编程题

编写一个程序，包含以下文件。

（1）Shape.java 文件，在该文件中定义接口 Shape，该接口在 shape 包中。

属性：PI。

方法：求面积的方法 area()。

（2）Circle.java 文件，在该文件中定义圆类 Circle，该类在 circle 包中，实现 Shape 接口。

属性：圆半径 radius。

方法：构造方法；实现接口中求面积方法 area()；求周长方法 perimeter()。

（3）Cylinder.java 文件，在该文件中定义圆柱体类 Cylinder，该类在 cylinder 包中，继承圆类。

属性：圆柱体高度 height。

方法：构造方法；求表面积方法 area()；求体积方法 volume()。

（4）X5_3_6.java 文件，在该文件中定义主类 X5_3_6，该类在默认包中，其中包含主方法 main()，在主方法中创建两个圆类对象 cir1 和 cir2，具体尺寸自己确定，并显示圆的面积和周长；创建两个圆柱体类的对象 cy1 和 cy2，具体尺寸自己确定，分别显示圆柱体 cy1 和 cy2 的底圆的面积和周长，以及它们各自的体积和表面积。

三、写出下列程序的运行结果

1.

```
class Top {
     void test() {
        System.out.println("Boo");
     }
}

public class Child extends Top {
    void test() {
        System.out.println("Coo");

    }
    public static void main(String[] args) {
        Child coo = new Child();
        Top  boo = coo;
        boo.test();
```

```
    }
}
```

2.

```
class Top1 {
    static int x = 1;
    public Top(int x) {
        x *= 3;
    }
}

public class Middle1 extends Top {
    public Middle1(int x) {
        super(x);
        x += 1;
    }
    public static void main(String[] args) {
        Middle1 m = new Middle1(10);
        System.out.println(x);
    }
}
```

3.

```
class Top2 {
    static int x = 100;
    public Top2() {
        x *= 1;
    }
}
public class Middle2 extends Top2 {
    public Middle2() {
        x += 1;
    }
    public static void main(String[] args) {
        Middle2 m = new Middle2();
        System.out.println(x);
    }
}
```

4.

```
class Top3{
    static int x=1;
    public Top3()  {  x*=3;  }
 }
public class Middle3 extends Top3 {
   public Middle3(int x){
      super();
      x+=1;
   }
   public  static void main(String[]  args){
    Middle3 m = new Middle3(11);
    System.out.println (x);
   }
}
```

5.

```
class Parent {
   void printMe() {
      System.out.println("parent");
   }
}
class Child extends Parent {
   void printMe() {
      System.out.println("child");
   }
   void printall() {
      super.printMe();
      this.printMe();
      printMe();
   }
}
public class Test3 {
   public static void main(String args[]) {
      Child myC = new Child();
      myC.printall();
   }
```

```
}
```

6.

```
class Base {
   public void ff1() {
      System.out.println("bff1");
   }
   public void bff2() {
      System.out.println("bff2");
   }
}
class Sub extends Base {
   public void ff1() {
      System.out.println("sff1");
   }
   public void sff2() {
      System.out.println("sff2");
   }
}
public class Main{
   public static void main(String[] args) {
      Base bb = new Sub();
      bb.ff1();
      bb.bff2();
      //bb.sff2();  //非法
      ((Sub) bb).sff2();
   }
}
```

第5章

Java 面向对象高级特性

学习目的和要求

本章介绍 Java 语言的一些高级特性，重点为内部类和 Java 异常处理。通过对本章的学习，理解内部类的设计用途和使用规范，掌握匿名内部类的使用方式、Java 异常处理机制和使用规范，熟悉 Class 类、Lambda 表达式和 Java 注解。

主要内容

- 内部类与匿名内部类
- Lambda 表达式和方法引用
- 泛型
- Class 类
- Annotation
- Java 异常

5.1 内部类与匿名内部类

内部类是定义在类中的类，其主要作用是将逻辑上相关的类放到一起。匿名内部类是一种特殊的内部类，它没有类名。在定义类或实现接口的同时会生成该类的一个对象，由于不会在其他地方用到该类，所以不用命名，因而被称为匿名内部类。

5.1.1 内部类

在定义内部类时只需将类的定义置于一个用于封装它的类的内部即可。在类的内部使用内部类时，其使用方式与普通类相同，但在外部引用内部类时，则必须在内部类名前加上外部类的名称才能使用。在使用 new 运算符创建内部类时，也要在 new 前加上对象变量。

【例 5.1】内部类与外部类的访问规则示例

```
package c05;
public class Example5_01 {
    public static void main(String[] args) {
        Outer.Inner in = new Outer().new Inner();
        in.print();
        Outer oo = new Outer();
        Outer.Inner oi = oo.new Inner();
        oi.print();
    }
}
class Outer {
    private int age = 12;
    class Inner {
        private int age = 13;
        public void print() {
            int age = 14;
            System.out.println("方法内局部变量：" + age);
            System.out.println("内部类成员变量：" + this.age);
            System.out.println("外部类成员变量：" + Outer.this.age);
        }
    }
```

示例说明如下。

- 在文件管理方面，内部类在编译完成之后，所产生的文件名称为“外部类名$内部类名.class”。
- 内部类可以声明为 private 或 protected。
- 内部类既可以访问外部类的成员变量，包括静态和实例成员变量，也可以访问内部类所在方法的局部变量。
- 内部类如果被声明为 static，则静态内部类将自动转化为顶层类（top level class），即它没有父类，而且不能引用外部类的成员变量或其他内部类的成员变量。非静态内部类不能声明静态成员变量，只有静态内部类才能声明静态成员变量。

5.1.2 匿名内部类

定义类的目的是利用该类创建对象，但如果某个类的对象只使用一次，则可以将类的定义与对象的创建放在一个步骤内完成，即在定义类的同时创建该类的一个对象。以这种方式定义的类不用取名字，所以被称为匿名内部类。创建匿名内部类既可以有效地简化程序代码，也可以用来弥补内部类里没有定义的方法。

在定义匿名内部类时可以直接用其父类名或者它所实现的接口名，其语法格式如下。

```
//TypeName 是父类名或接口名，且括号内不允许有参数
new TypeName() {
    匿名类的类体
}
```

【例 5.2】 内部类示例

```
package c05;
public class Example5_02 {
   public static void main(String[] args) {
      Teacher t = new Teacher();
      t.look(new Student() {
         void speak() {
            System.out.println("匿名类中的方法！");
         }
      });
   }
}
abstract class Student {
   abstract void speak();
}
class Teacher {
   void look(Student stu) {
      stu.speak();
   }
}
```

示例说明如下。

- 在文件管理方面，匿名内部类在编译完成之后，所产生的文件名为“外部类名$编号.class”，其中编号为 1,2,…,*n*，编号为 *i* 的文件对应于第 *i* 个匿名内部类。
- 匿名内部类必须是继承一个父类或实现一个接口的，但不能使用 extends 或

implements 关键字。

- 匿名内部类总是使用其父类的无参构造方法来创建一个实例。如果匿名内部类实现一个接口，则调用的构造方法是 Object()。
- 匿名内部类既可以自定义方法，也可以继承父类的方法或覆盖父类的方法。
- 匿名内部类必须实现父类或接口中的所有抽象方法。

5.2 Lambda 表达式与方法引用

5.2.1 Lambda 表达式

Lambda 表达式（λ 表达式）基于数学中的 λ 演算而得名。Lambda 表达式是可以传递给方法的一段代码，它既可以是一条语句，也可以是一个代码块，因为不需要方法名，所以 Lambda 表达式是一种匿名方法，即没有方法名的方法。使用它可以简化函数式接口的编写，使代码更简洁。

Java 中任何 Lambda 表达式都必定有对应的函数式接口，可以被看作使用精简语法的匿名内部类。将例 5.2 用 Lambda 表达式实现，可以简化为以下形式。

```
public static void main(String[] args) {
    Teacher t = new Teacher();
    t.look(()->System.out.println("Lambda 表达式的用法示例！"));
}
```

相对于匿名内部类，Lambda 表达式的语法省略了接口类型与方法名，“->”的左边是参数列表，右边是方法体。Lambda 表达式通常由参数列表、箭头和方法体三部分组成，其语法格式如下。

```
(类型 1 参数 1,类型 2 参数 2,…)->{方法体}
```

其中，参数列表中的参数都是匿名方法的形参，即输入参数。参数列表允许省略形参的类型，即一个参数的数据类型既可以显式声明，也可以由编译器的类型推断功能来推断出参数的类型。当参数是推断类型时，参数的数据类型将由 JVM 根据上下文自动推断出来。

“->”是 Lambda 运算符，意指“成了”或“进入”。

方法体可以是单一的表达式或由多条语句组成的语句组。如果只有一条语句，则允许省略方法体的花括号“{}”；如果只有一条 return 语句，则 return 关键字也可以省略。

如果 Lambda 表达式需要返回值，且方法体中只有一条省略了 return 关键字的语句，则 Lambda 表达式会自动返回该语句的结果值。

如果 Lambda 表达式没有参数，则可以只给出圆括号；如果 Lambda 表达式只有一个参数，并且没有给出显式的数据类型，则圆括号可以省略。

下面是 Lambda 表达式的常见使用场景（后续章节会有介绍）。

1. 集合操作

Lambda 表达式常用于集合类的操作，如遍历、过滤、排序等。

例如，在下面的代码中，使用 Lambda 表达式和 Stream 的 filter()方法对 List 进行过滤，筛选出某一条件的数据并输出到控制台上。

```
List<String> list = Arrays.asList("Apple", "Banana", "Orange");
list.stream().filter(
            s -> s.startsWith("A")).forEach(System.out::println);
```

2. 事件监听

Lambda 表达式可以用于事件驱动的 GUI，如 Swing 等框架，通过 Lambda 表达式可以更轻松地为组件添加事件监听器。

例如，在下面的代码中，使用 Lambda 表达式为按钮添加鼠标单击事件。

```
JButton button = new JButton("Click me");
button.addActionListener(e -> System.out.println("Button clicked"));
```

3. 多线程编程

Lambda 表达式可以用于多线程编程，并且更方便地编写 Java 线程。

例如，在下面的代码中，使用 Lambda 表达式创建一个新的线程。

```
new Thread(() -> System.out.println("Hello World")).start();
```

5.2.2 方法引用

Java 方法引用是一种更简洁、更易读和更灵活的 Lambda 表达式形式。Lambda 表达式允许程序员使用仅包含一个抽象方法的任何接口的实例来代替函数对象。然而，在 Lambda 表达式中有时只需要调用现有的 Java 方法即可实现该接口。这时就可以使用 Java 方法引用，它提供了一种更简洁、更易读、可维护代码的方法。

Java 方法引用是一种 Lambda 表达式的替代形式，它使用双冒号“::”来指定方法的名称，而非传递方法的参数。方法引用可以看作是 Lambda 表达式的一个“快捷方式”，能使代码更加清晰易读。

Java 方法引用的一般语法格式如下。

```
object::method  //object 是一个实例对象，method 是该对象中的方法名称
```

也可以使用类名来引用静态方法。

```
ClassName::method
```

类似 Lambda 表达式，方法引用可以接收任何适用于函数式接口的方法。例如，可以使用方法引用来替代 Lambda 表达式中的方法调用，如下所示。

```
Function<String, Integer> strToInt = Integer::parseInt;
```

上述代码等价于以下代码。

```
Function<String, Integer> strToInt = (s) -> Integer.parseInt(s);
```

5.3 泛型

泛型（Generics）是 JDK 5 中引入的一个新特性，提供了编译时类型安全检测机制，该机制允许程序员在编译时检测非法的类型。泛型的本质是参数化类型，即泛型所操作的数据类型被指定为一个参数，这个参数被称为类型参数（Type Parameters），即泛型的实质是将数据类型参数化。当这种类型参数被用在类、接口及方法的声明中时，分别被称为泛型类、泛型接口和泛型方法。

泛型可以在编译的时候检查类型安全，并且所有的强制转换都是自动和隐式的，提高了代码的重用率。本书主要对泛型给予一个初步的介绍，详细内容可参见 JDK 文档上的泛型教程。

5.3.1 泛型类

在使用泛型定义的类创建对象时，即在泛型实例化时，可以根据不同的需求给出具体的类型参数 T。在调用泛型类的方法传递或返回数据类型时可以不进行类型转换，而直接用 T 来代替类型参数或返回值类型。

定义泛型类的语法格式如下。

```
[修饰符]class 类名<T>
```

【例 5.3】 泛型类示例

```
package c05;
public class Example5_03 {
    public static void main(String[] args) {
        //定义泛型类 Gen 的一个 Integer 版本
        GenericDemo<Integer> intOb = new GenericDemo<Integer>(88);
```

```
        intOb.showType();
        int i = intOb.getOb();
        System.out.println("value= " + i);
        System.out.println("----------------------------------");
        //定义泛型类 Gen 的一个 String 版本
        GenericDemo<String> strOb =
                                    new GenericDemo<String>("泛型示例!");
        strOb.showType();
        String s = strOb.getOb();
        System.out.println("value= " + s);
    }
}
class GenericDemo<T>{
    private T ob; //定义泛型成员变量
    public GenericDemo(T ob) {
        this.ob = ob;
    }
    public T getOb() {
        return ob;
    }
    public void setOb(T ob) {
        this.ob = ob;
    }
    public void showType() {
        System.out.println("T 的实际类型是: "
                                    + ob.getClass().getName());
    }
}
```

通过该例可以看出，泛型的定义并不复杂，可以将 T 看作一种特殊的变量，该变量的“值”在创建泛型对象时指定，它可以是除基本类型之外的任意类型，包括类、接口，甚至是一个类型变量。当一个泛型有多个类型参数时，每个类型参数在该泛型中都应该是唯一的。例如，不能定义 Map<K，K>形式的泛型，但可以定义 Map<K，V>形式的泛型。

5.3.2　泛型方法

泛型方法在被调用时可以接收不同类型的参数。根据传递给泛型方法的类型参数，编译器会适当地处理每一个方法调用。

定义泛型方法的规则如下。

所有泛型方法声明都有类型参数声明部分（由尖括号分隔），该部分出现在方法返回类型之前。

每一个类型参数声明部分都包含一个或多个类型参数，参数间用逗号隔开。泛型参数也称类型变量，是用于指定一个泛型类型名称的标识符。

类型参数能被用来声明返回值类型，并且能作为泛型方法得到的实际类型参数的占位符。

泛型方法体的声明和其他方法一样。注意类型参数只能代表引用类型，而不能代表原始类型（如 int、double、char 等）。

【例 5.4】 泛型方法示例

```
package c05;
public class Example5_04 {
    public static <T> void List(T book) {    // 定义泛型方法
        if (book != null) {
            System.out.println(book);
        }
    }

    public static void main(String[] args) {
        Book stu = new Book(10011, " Java 语言", 30);
        List(stu);                              // 调用泛型方法
    }
}
class Book {
    private int id;
    private String name;
    private int price;
    public Book(int id, String name, int price) {
        this.id = id;
        this.name = name;
        this.price = price;
    }
    public String toString() {
        return this.id + ", " + this.name + ", " + this.price;
    }
}
```

5.4 Class 类

Java 语言中的 Class 类是 Java 反射机制的核心，是 Java API 提供的一个类。Class 类含有与类有关的信息，可以通过它来获取类的不同部分的信息，如类名、访问控制符、构造函数、方法、成员变量等，也可以对类进行实例化、调用方法等操作。

JVM 在载入一个.class 字节码文件时将产生一个 Class 对象，代表该.class 字节码文件从该 Class 对象中可以获得类的许多基本信息，这就是反射机制。Class 类是一个比较特殊的类，它是反射机制的基础。Class 类的对象表示正在运行的 Java 程序中的类或接口，即当任何一个类被加载时，该类的.class 字节码文件都会在读入内存的同时，自动为其创建一个 Class 对象。

1. 获取 Class 对象

获取 Class 对象有 3 种方式。

（1）通过对象调用 getClass()方法获取。

```
Student s = new Student();
Class c = s.getClass();
```

（2）通过 Class.forName() 方法获取。

```
Class c = Class.forName("com.example.Student");
```

（3）通过“类名.class”获取。

```
Class c = Student.class;
```

2. 获取类的各种信息

使用 Class 类的常用方法获取类的各种信息。

（1）获取类的名称。

```
String name = c.getName();
```

（2）获取类的访问控制符。

```
int modifiers = c.getModifiers();
```

（3）获取类的父类。

```
Class superclass = c.getSuperclass();
```

（4）获取类的接口。

```
Class[] interfaces = c.getInterfaces();
```

（5）获取类的构造函数。

```
Constructor[] constructors = c.getConstructors();
```

（6）获取类的方法。

```
Method[] methods = c.getMethods();
```

（7）获取类的成员变量。

```
Field[] fields = c.getFields();
```

3．实例化类

通过 Class 类实例化一个类。

```
Student s = (Student)c.newInstance();
```

4．调用方法

使用 Method 类的 invoke()方法。

```
Method method = c.getMethod("showInfo", String.class);
Student s = new Student();
String result = method.invoke(s, "John");
```

5．操作成员变量

使用 Field 类的 get()和 set()方法。

```
Field field = c.getField("name");
Student s = new Student();
field.set(s, "John");
String name = (String)field.get(s);
```

这里获取了名称为“name”的成员变量，并对该变量进行了赋值和取值操作。

【例 5.5】 Class 类的使用示例

```
package c05;
import java.lang.reflect.Constructor;
public class Example5_05 {
   public static void main(String[] args) throws Exception {
      Class cs = Class.forName("c04.Circle");
      Constructor cst = cs.getDeclaredConstructor();
      // 返回不带参数的构造方法，封装在 Constructor<?>对象中
```

```
        Circle circle = (Circle) cst.newInstance();
        circle.setRadius(100);
        System.out.println("面积: " + circle.getArea());
    }
}
class Circle {
    private double radius;
    public Circle() {
    }
    public double getRadius() {
        return radius;
    }
    public void setRadius(double radius) {
        this.radius = radius;
    }
    public double perimeter() {
        return 2 * Math.PI * radius;
    }
    public double getArea() {
        return Math.PI * radius * radius;
    }
}
```

5.5 Annotation

Annotation 指注解，与类、接口、枚举在同一个层次上。注解也叫作元数据，所谓元数据就是用来描述数据的数据。它其实就是程序代码里的特殊标记，这些标记可以在编译、加载类、运行时被读取并执行相应的处理。注解主要用于告知编译器要做什么事情，程序员可以在程序中对所有元素进行注解。注解可以声明在包、类、成员变量、成员方法、局部变量、方法参数等的前面，用来对这些程序元素进行说明、注释。通过使用注解，可以在不改变程序逻辑的情况下，在源文件中嵌入一些补充信息，并通过反射机制实现对这些注解的访问。注解并不影响程序代码的执行，无论增加还是删除注解，代码都会被执行。

java.lang.annotation.Annotation 是注解接口，注解都默认实现了该接口。注解不会直接影响语句的语义，只是作为一种标记存在。另外，程序员可以在编译时选择注解是否只存在于源代码中，以及是否保留在.class 字节码文件中或者出现在运行过程中。

在代码中使用注解的方式是“@注解名”。根据注解的作用可以将注解分为基本注解、元注解（或称元数据注解）与自定义注解 3 种。

5.5.1 基本注解

JDK 提供了 5 种基本注解，在程序代码中可以直接当作修饰符来使用，用于它所支持的程序元素。

（1）@Deprecated：该注解用于表示某个程序元素（如类、方法等）已过时，不建议使用。如果在其他地方使用了此元素，则在编译时会出现警告信息。

（2）@Override：该注解只用于方法，用来限定必须覆盖父类中的方法，从而保证方法覆盖的正确性。

（3）@SuppressWarnings：该注解用来抑制警告信息的出现，即不允许出现警告信息，用于类型、构造方法、成员方法、成员变量、参数及局部变量等。其语法格式为@SuppressWarnings（"警告参数"）或@SuppressWarnings（value="警告参数"）。

（4）@SafeVarargs：用于抑制堆污染警告。所谓堆污染是指将一个不带泛型的对象赋值给带泛型的对象，将导致泛型对象被污染。如果不希望出现堆污染警告，则可以使用下面三种方式来抑制堆污染警告。

- 使用@SafeVarargs 注解修饰引发警告的方法，该方式是专门用于抑制堆污染警告的，也是推荐使用的方式。
- 使用@SuppressWarnings("unchecked")注解修饰。
- 在编译时使用-Xlint：varargs 选项。

（5）@FunctionalInterfase：用于指定某个接口必须是函数式接口，如果一个接口中只有一个抽象方法，则该接口被称为函数式接口。@FunctionalInterfase 注解只能用于修饰函数式接口，不能用于修饰程序的其他元素。函数式接口是为 Lambda 表达式准备的，所以允许使用 Lambda 表达式来创建函数式接口的实例。

【例 5.6】基本注解使用示例

```
package c05;
public class Example5_06 {
   @SuppressWarnings("deprecation")   //忽略 hi()方法被弃用警告
   public static void main(String[] args) {
       AnnotationTest at = new AnnotationTest();
       at.hi();
       at.hello();
   }
}
class AnnotationTest {
```

```
    String name;
    @Override        //OverrideTest 的父类 Object 中有 toString 方法
    public String toString() {
        return name;
    }
    @Deprecated       //表示 hi()方法被弃用
    public void hi() {
        System.out.println("say hi");
    }
    public void hello() {
        System.out.println("say hello");
    }
}
```

5.5.2 元注解

元注解也称元数据注解，是对注解进行标注的注解。JDK 中定义了 6 种元注解类型。

（1）@Target 用于限制注解的使用范围，即指定该注解可用于哪些程序元素。

（2）@Retention 用于说明注解的保存范围。保存范围使用枚举类型 java.lang.annotation.RetentionPolicy 来指定其保留策略值。

（3）@Document 用于指定注解可以被 javadoc.exe 工具提取成文档。如果在定义类时使用@Document 注解进行修饰，则所有使用该注解修饰的程序元素的 API 文档都将包含该注解说明。

（4）@Inherited 用于描述一个父类的注解可以被子类继承。如果一个注解需要被其子类继承，则在声明时直接使用@Inherited 进行修饰即可。

（5）@Repeatable 用于开发重复注解。JDK 8 之后的版本允许使用多个相同类型的注解来修饰同一程序元素，只需在定义注解时使用@Repeatable 元注解来进行修饰即可。

（6）类型注解。JDK 8 为 ElementType 枚举增加了 TYPE_PAEAMETER 和 TYPE_USE 两个枚举值，允许在定义枚举时使用@Target（ElementType.TYPE_USE）来修饰，此种注解被称为类型注解（Type Annotation）。类型注解可以在任何用到类型的地方使用。除了在定义类、接口、方法和成员变量等常见的程序元素时可以使用类型注解，在创建对象、声明方法参数、转换类型、使用 throws 声明抛出异常、使用 implements 实现接口等位置上也可以使用类型注解。

5.6 Java 异常

5.6.1 异常处理机制简介

在进行程序设计时，错误是不可避免的，因此如何处理错误，把错误交给谁去处理，以及程序该如何从错误中恢复是所有程序设计语言都要解决的问题。

所谓错误，是在程序运行过程中发生的异常事件，比如除 0 溢出、数组越界、文件找不到等，这些事件会阻碍程序的正常运行。为了增加程序的强壮性，在设计程序时，必须考虑到可能发生的异常情况并对其作出相应的处理。常见的异常处理方法如下。

- 通过被调用函数的返回值感知在被调用函数中产生的异常。
- 通过使用 if 语句来判断是否出现了异常并对其进行处理。

这种异常处理机制会导致以下问题。

- 函数的返回值一般有程序意义，需要定义用于错误处理的无效的返回值。
- 为知道错误产生的内部细节，常用全局变量（如 Errno）来存储错误的类型，这容易导致误用，因为变量的值有可能还未被处理就被另外的错误覆盖了。

没有异常处理机制的程序段如下所示。

```
{
     openTheFile;
     determine its size;
     allocate that much memory;
     read-file
     closeTheFile;
 }
```

加上异常处理机制的代码段如下所示。

```
openFiles;
if (theFilesOpen) {
   determine the length of the file;
   if (gotTheFileLength) {
       allocate that much memory;
       if (gotEnoughMemory) {
            read the file into memory;
            if (readFailed)  errorCode=-1;
       } else  errorCode=-2;
```

```
  } else errorCode=-3 ;
} else errorCode=-4;
```

如此形成的困难和问题，主要体现在以下方面。

- 写程序难，大部分精力花费在异常处理上。
- 只能考虑到已知的错误，无法处理其他异常。
- 程序可读性差，大量的错误处理代码混杂在程序中。
- 出错返回的信息量太少，无法更确切地了解异常状况和原因。

5.6.2 Java 异常的处理

在 Java 语言中，异常处理是通过 try、catch、finally、throw、throws 关键字来实现的。5.6.1 节的代码段可以采用以下形式处理。

```
try {
    openTheFile;
    determine its size;
    allocate that much memory;
    read-File;
    closeTheFile;
}
catch(fileopenFailed) { dosomething; }
catch(sizeDetermineFailed) { dosomething; }
catch(memoryAllocateFailed) { dosomething; }
catch(readFailed)  { dosomething; }
catch(fileCloseFailed) { dosomething; }
finally { dosomething; }
```

1. 异常

Java 语言通过面向对象的方法来处理程序错误。在 Java 语言中，错误被称为异常（Exception）。

2. 抛出异常

在方法中监测到错误但不知道如何处理错误时，该方法会抛出（Throw）一个异常。异常的对象包含了错误的类型和详细信息，系统在运行时负责对其进行传播。

3. 捕获异常

系统在运行时会查找方法中的调用栈，从生成异常的方法开始进行回溯，直到找到包含相应异常处理的方法，这个过程被称为捕获（Catch）异常。

4. finally 代码段

finally 代码段用于及时释放系统资源，如关闭文件、删除临时文件，无论有无异常都会被执行。若有异常产生，则在处理完毕时执行 finally 代码段；若无异常产生，则在 try 语句块执行完毕时执行 finally 代码段。

【例 5.7】异常处理流程示例

```
package c05;
public class Example5_07 {
    public static int devide(int x, int y) {
        return x / y;
    }
    public static void main(String[] args) {
        try {
            // throw new Exception("oppop");      //显式抛出异常
            int reslut = devide(3, 0);            //隐式抛出异常
            System.out.println(reslut);
        } catch (Exception e) {
            System.out.println(e.getMessage());
            return;
        } finally {
            System.out.println("finally! ");
        }
    }
}
```

5.6.3 JDK 异常类

在异常类层次的最上层有一个单独的类是 java.lang.Throwable，用来表示所有的异常情况。该类派生了两个子类 java.lang.Error 和 java.lang.Exception。其中，Error 子类由系统保留，定义了应用程序通常无法捕捉到的错误。Error 类及其子类的对象代表了程序运行时 Java 系统内部的错误，即 Error 类及其子类的对象是由 Java 虚拟机生成并抛出给系统的，这种错误有内存溢出错、栈溢出错、动态链接错等。通常 Java 程序不对这种错误进行直接处理，而是交由操作系统处理。Exception 类是供应用程序使用的，它是用户程序能够捕捉到的异常。在一般情况下，Exception 类通过产生它的子类来创建自身的异常，即 Exception 类的对象是 Java 程序抛出和处理的对象，不同的子类分别对应于不同类型的异常。由于应用程序不处理 Error 类，所以一般所说的异常是指 Exception 类及其子类。

与其他类相同，Exception 类也有自己的属性和方法，它的构造方法如下所示。

- public Exception()；
- public Exception (String s);

第二个构造方法可以接收字符串参数传入的信息，该信息通常是对异常的描述。

Exception 类还从父类 Throwable 那里继承了若干方法，常用的有以下两个方法。

- public String toString()：该方法用于返回描述当前 Exception 类信息的字符串。
- public void printStackTrace()：该方法没有返回值，它的功能是完成一个输出操作，在当前的标准输出设备（一般是屏幕显示器）上输出当前异常对象的堆栈使用轨迹，即程序先后调用并执行了哪些对象或类的哪些方法，从而使得运行过程中产生了这个异常对象。

一些常用的异常类如下所示。

Exception (in java.lang)

- ClassNotFoundException
- InterruptedException
- RuntimeException
  - ArithmeticException
  - ClassCastException
  - InllegalArgumentException
  - NumberFormatException
  - IndexOutOfBoundsException
  - ArrayIndexOutObBoundsException
  - StringIndexOutObBoundsException
  - NegativeArraySizeException
  - NullPointerException
  - NoSuchElementException (in java.util)
- IOException (in java.io)
  - EOFException
  - FileNotFoundException

5.7　小结

1．内部类是定义在类中的类，而匿名内部类是一种特殊的内部类，它没有类名。在定义类的同时会生成该类的一个对象，由于不会在其他地方用到该类，所以不用命名。

2．匿名内部类不能同时继承一个类和实现一个接口，也不能实现多个接口。

3．匿名内部类的好处是可以利用内部类创建不具名称的对象，并利用它访问类中的成员。

4. 在 Java 程序中获得 Class 对象有 3 种方式：一是用 Class 类的静态方法 forName()；二是用类名调用该类的 class 属性来获得该类对应的 Class 对象，即“类名.class”；三是用对象调用 getClass()方法来获得该类对应的 Class 对象，即“对象.getClass()”。

5. 在定义类、接口或方法时若指定了类型参数，则其分别为泛型类、泛型接口和泛方法。

6. 用泛型类创建的泛型对象是指，将泛型类的每个类型参数 T 分别用某个具体的实际类型替代，这个过程被称为泛型实例化，利用泛型类创建的对象被称为泛型对象。

7. Lambda 表达式可以被看作是使用精简语法的匿名内部类，适用于只包含一个抽象方法的函数式接口。

8. 注解的语法格式是“@注解名”。根据注解的作用可以将注解分为基本注解、元注解（或称元数据注解）与自定义注解 3 种。

9. 若 try 语句块中发生异常，则程序的运行会中断，抛出由异常类所产生的对象，并按下列步骤来运行。

（1）抛出的对象如果是 catch()中捕获的异常类，则 catch()会捕获此异常，并进入 catch 语句块内继续运行。

（2）无论 try 语句块是否捕获到异常，或者捕获到的异常是否与 catch()中的异常类相匹配，最后都会运行 finally 代码段。

（3）在 finally 代码段运行结束后，程序转到 try-catch-finally 语句后的语句并继续运行。

本章练习

一、思考题

1. 内部类的类型有几种，分别在什么情况下使用？它们所起的作用有哪些？
2. 什么是 Lambda 表达式，Lambda 表达式的语法是什么？
3. 什么是异常？简述 Java 语言的异常处理机制。

二、写出下列程序的运行结果

```
public class Test{
   public static void main(String[] args) {
      try {
         int i = 0;
         int j = 1 / i;
         String myname = null;
```

```
            if (myname.length() > 2)
                System.out.print("1");
        } catch (NullPointerException e) {
            System.out.print("2");
        } catch (Exception e) {
            System.out.print("3");
            return;
        }
        finally {
            System.out.print("4");
        }
        System.out.print("5");
    }
}
```

第 6 章

Java 实用类

学习目的和要求

JDK 提供了相当丰富的基础类库和实用工具类。通过对本章的学习，学生应掌握字符串处理的常用方法，以及 Scanner、ArrayList 等类的使用方法，并通过对这些常用类的熟练运用，养成查阅 JDK 帮助文档的编程习惯，熟悉正则表达式的规范。

主要内容

- String 类
- StringBuffer 类
- StringTokenizer 类
- 正则表达式
- Pattern 类与 Matcher 类
- System 类
- Scanner 类
- LocalDate 类、LocalTime 类与 LocalDateTime 类
- Arrays 类
- ArrayList 类

6.1 String 类

字符串是一系列字符的序列，在 C 语言中用字符数组来表示。在 Java 语言中，无论是字符串常量还是字符串变量，都是用类实现的。程序中用到的字符串可以分为两类，一类是在创建之后不允许修改和变动的字符串常量，另一类是在创建之后允许修改的字符串变量。为提升程序性能，Java 对于前一类字符串用 String 类的对象表示；对于后一类字符串，

由于经常需要对它做添加、插入、修改之类的操作，因此将其存放在 StringBuilder 类或 StringBuffer 类的对象中。

6.1.1 String 类的声明

String 类在 Java 中是特殊的类，其使用方法和基本数据类型一样，被广泛应用在 Java 编程中。声明字符串常量的格式有两种。

格式一如下所示。

```
String  s = new String( "a string" );
```

格式二如下所示。

```
String  s = "a string";
```

无论使用哪种形式创建字符串，字符串对象一旦被创建，其值都是不能改变的，但可以使用其他常量重新对其赋值，因此也称不变类。

String 类在程序中无处不在，JVM 为了提高性能和减少内存开销，在内部维护了一个字符串常量池。每当采用格式二创建字符串常量时，JVM 都会先检查字符串常量池，如果常量池中已经存在字符串常量，则返回池中的字符串对象引用，否则创建该字符串对象并将其放入池中。

【例 6.1】 String 类比较示例

```
package c06;
public class Example6_01 {
    public static void main(String[] args) {
        String str1 = new String("abc");
        String str2 = new String("abc");
        String str4 = "abc";
        String str5 = "abc";
        String str3 = str1;
        if (str1 == str2) {
            System.out.println("str1==str2");
        } else {
            System.out.println("str1!=str2");
        }
        if (str1 == str4) {
            System.out.println("str1==str4");
        } else {
```

```
            System.out.println("str1!=str4");
        }
        if (str4 == str5) {
            System.out.println("str4==str5");
        } else {
            System.out.println("str4!=str5");
        }
    }
}
```

str4 和 str5 指向常量池里的同一个常量“abc”，故返回 true。

6.1.2 String 类的“+”运算

字符串之间的“+”代表连接，示例如下。

```
str= " Hello " + " Java " ;        //str 的值为“HelloJava”
```

如果字符串与其他类型的常量进行“+”运算，则系统会自动将其他类型的变量转换为字符串类型，示例如下。

```
String s = 10+10+"42"+8;        //s 的值为“20428”
```

6.1.3 String 类和基本数据类型之间的转换

使用 String 类的静态方法 valueOf()，将数值转换为字符串，示例如下。

```
int x = Integer.parseInt( “123” );
double x = Double.parseDouble( “123.123” );
```

也可以使用 Integer、Byte、Short、Long、Float、Double 类调用相应的类方法，将由“数字”字符组成的字符串，如“123”，转化为 int 型数据，示例如下。

```
String str = String.valueOf(123);
```

6.1.4 String 类的常用方法

- int length()，获取一个字符串的长度。
- boolean equals(String s)，比较当前字符串对象的实体是否与参数 s 指定的字符串的实体相同。
- boolean startsWith(String s)，判断当前字符串对象的前缀是否为参数 s 指定的字符串。

- boolean endsWith(String s)，判断一个字符串的后缀是否为参数 s。
- int compareTo(String s)，按字典次序与参数 s 指定的字符串比较大小。如果当前字符串与参数 s 相同，则该方法的返回值为 0；如果大于参数 s，则该方法返回正值；如果小于参数 s，则该方法返回负值。
- boolean contains(String s)，判断当前字符串对象是否含有参数指定的字符串 s。
- substring(int start,int end)，获得一个当前字符串的子串，该子串是通过复制当前字符串 start 索引位置至 end-1 索引位置上的字符得到的。

6.2　StringBuffer 类

StringBuffer 类是可变字符串类，在创建 StringBuffer 类的对象之后可以随意修改字符串的内容。每个 StringBuffer 类的对象都能够存储指定容量的字符串，如果字符串的长度超过了 StringBuffer 类对象的容量，则该对象的容量会自动扩大。

6.2.1　创建 StringBuffer 类

- StringBuffer()，构造一个空的字符串缓冲区，并将其初始化为 16 个字符的容量。
- StringBuffer(int length)，创建一个空的字符串缓冲区，并将其初始化为指定长度 length 的容量。
- StringBuffer(String str)，创建一个字符串缓冲区，并将其内容初始化为指定的字符串内容 str，字符串缓冲区的初始容量为 16 个字符加上字符串 str 的长度。

示例如下。

```
StringBuffer str1 = new StringBuffer();
StringBuffer str2 = new StringBuffer(10);
StringBuffer str3 = new StringBuffer("Java");
System.out.println(str1.capacity());    // 输出 16
System.out.println(str2.capacity());    // 输出 10
System.out.println(str3.capacity());    // 输出 20
```

6.2.2　常用方法

- append()，用于追加字符串。该方法的语法格式如下。

```
sb.append(String str);
```

- setCharAt()，用于在字符串的指定位置上替换一个字符。该方法的语法格式如下。

```
sb.setCharAt(int index, char ch);
```

- reverse()，用于将字符串序列用其反转的形式取代。
- deleteCharAt()，用于移除序列中指定位置上的字符。

【例 6.2】StringBuffer 类的使用示例

```
package c06;
public class Example6_02 {
   public static void main(String args[]) {
      StringBuffer str1=new StringBuffer();
      str1.append("Hello!");
      System.out.println("str:"+str1);
      System.out.println("length:"+str1.length());
      System.out.println("capacity:"+str1.capacity());
      str1.append("Java 语言 StringBuilder 示例程序！");
      System.out.println("str:"+str1);
      System.out.println("length:"+str1.length());
      System.out.println("capacity:"+str1.capacity());
      StringBuffer str2 = new StringBuffer("He like Java");
      str2.setCharAt(0, 'w');
      str2.setCharAt(1, 'e');
      System.out.println(str2);
      str2.insert(2, " all ");
      System.out.println(str2);
      int index = str2.indexOf("Java");
      str2.replace(index, str2.length(), " apple");
      System.out.println(str2);
   }
}
```

6.3 StringTokenizer 类

StringTokenizer 类可以将一个字符串分解成多个“标记”（Token）。标记是被分解出来的字符串的一部分，示例如下。

```
String str = "Hello world! Welcome to Java programming.";
```

```
StringTokenizer st = new StringTokenizer(str);
while (st.hasMoreTokens()) {
    System.out.println(st.nextToken());
}
```

这里将字符串 str 使用 StringTokenizer 类进行分解，并通过循环输出标记。上述代码的输出结果如下。

```
Hello
world!
Welcome
to
Java
programming.
```

可以看到，每个标记都是通过字符串中的空格进行分隔的。

如果字符串中的分隔符不是空格，那么也可以将分隔符作为 StringTokenizer 类的第二个参数，示例如下。

```
String str = "1,2,3,4,5";
StringTokenizer st = new StringTokenizer(str, ",");
while (st.hasMoreTokens()) {
    System.out.print(st.nextToken()+" ");
}
```

这里使用逗号进行分隔，输出的结果为：1 2 3 4 5。

同时，StringTokenizer 类还支持对标记进行计数，示例如下。

```
String str = "1,2,3,4,5";
StringTokenizer st = new StringTokenizer(str, ",");
System.out.println("标记计数: " + st.countTokens());
while (st.hasMoreTokens()) {
    System.out.print(st.nextToken()+" ");
}
```

这里通过 countTokens()方法获取标记数量，并通过循环输出每个标记。上述代码的输出结果如下。

```
标记计数:5
1 2 3 4 5
```

需要注意的是，StringTokenizer 类并不支持使用多个分隔符进行分解。如果需要使用多个分隔符，则可以考虑使用正则表达式或者自定义分隔符解决分解问题。

【例 6.3】StringTokenizer 类的使用示例

```
package c06;
import java.util.*;
public class Example6_03 {
  public static void main(String args[]) {
      String s="市话费:28.89元,长途话费:128.87元,上网费:298元。";
      String delim = "[^0-9.]+";                    //非数字序列匹配 delim
      s = s.replaceAll(delim,"#");
      StringTokenizer fenxi=new StringTokenizer(s,"#");
                                                    //用#字符作为分隔符
      double totalMoney=0;
      while(fenxi.hasMoreTokens()) {
          double money=Double.parseDouble(fenxi.nextToken());
          System.out.println(money);
          totalMoney += money;
      }
      System.out.println("总费用: "+totalMoney+"元");
  }
}
```

6.4 正则表达式

正则表达式（Regular Expression）是一种强大的文本处理工具，可以在文本中进行搜索、替换和匹配等操作。它是由字符和操作符组成的模式（Pattern），用来描述一个或多个符合某个规则的字符串集合。

1. 基本语法

正则表达式的基本语法包括普通字符和特殊字符，其中普通字符用于匹配文本中的一个字母或数字，而特殊字符用于表示一类字符或字符集。

正则表达式中的普通字符包括所有字母和数字，特殊字符如下。

- “.”，表示任意单个字符。
- “[ ]”，表示字符集。
- “[^]”，表示不在字符集中的任意单个字符。
- “[-]”，表示字符集中的任意单个字符。

示例如下。

正则表达式“a.b”可以匹配“a0b”“a1b”“a b”等文本；

正则表达式“[abc]”可以匹配“a”“b”“c”等任意单个字符。

正则表达式中的特殊字符包括以下常用操作符。

- “*”，匹配前一个字符0次或多次，如“a*”可以匹配“”“a”“aa”等文本。
- “+”，匹配前一个字符1次或多次，如“a+”可以匹配“a”“aaa”等文本。
- “?”，匹配前一个字符0次或1次。
- “{n}”，匹配前一个字符 *n* 次。
- “()”，分组，捕获其中的子表达式。
- “|”，匹配两个表达式中的任意一个。
- “{m,n}”，匹配前一个字符至少 *m* 次，最多 *n* 次，如“[0-9]{3,5}”可以匹配3～5个数字。
- “\d”，匹配数字，字符串形式为“\\d”。
- “\w”，匹配字母、数字或下画线，字符串形式为“\\w”。
- “\s”，匹配空白字符（空格、制表符和换行符），字符串形式为“\\s”。

边界字符用于匹配字符串中的位置而不是字符本身，边界字符包括以下两种形式。

- “^”，字符串的开始位置，如“^a”可以匹配以“a”开头的文本。
- “$”，字符串的结束位置，如“a$”可以匹配以“a”结尾的文本。

2. 常用操作符

正则表达式中有一些常用的操作符，可以实现更强大的文本处理功能。

（1）捕获组。

使用捕获组可以将正则表达式中的一部分匹配文本括起来，从而对匹配结果进行分组和提取。捕获组用括号“()”表示，可以使用“\数字”的形式来引用相应的捕获组。例如，正则表达式“(ab)+”可以匹配“ab”“abab”“ababab”等文本，并将“ab”作为一个捕获组。

（2）非捕获组。

非捕获组与捕获组类似，但它不会将匹配结果保存到分组中，不影响后续的引用。非捕获组用“(?:...)”的形式表示。例如，正则表达式“(?:ab)+”可以匹配“ab”“abab”“ababab”等文本，但不会将“ab”作为一个捕获组。

（3）零宽断言。

零宽断言是一种只匹配位置而不匹配任何字符的操作符，用于限定匹配的位置。零宽断言包括以下几种形式。

- (?=...)，正向肯定预查，表示所在位置后面必须有匹配表达式。
- (?!...)，正向否定预查，表示所在位置后面必须没有匹配表达式。

- (?<=...)，反向肯定预查，表示所在位置前面必须有匹配表达式。
- (?<!...)，反向否定预查，表示所在位置前面必须没有匹配表达式。

例如，正则表达式“\b(?=java)\w+\b”可以匹配包含“java”单词的文本，并且只匹配单词字符。其中，“\b”表示单词边界，“(?=java)”表示后面必须有“java”，“\w+”表示一个或多个单词字符。

（4）贪婪匹配与非贪婪匹配。

正则表达式默认是贪婪匹配，即尽可能多地匹配文本。例如，正则表达式“a.*b”可以匹配“abcbdb”“a333333b”“abcd123b”等文本，会匹配从第一个“a”到最后一个“b”的所有字符。

非贪婪匹配会尽可能少地匹配文本。非贪婪匹配用“*?”“+?”“??”等操作符来表示。例如，正则表达式“a.*?b”只会匹配从第一个“a”到最近的“b”的字符。

【例 6.4】正则表达式的使用示例

```
package c06;
public class Example6_04 {
 public static void main (String args[ ]) {
     String regex = "-?[0-9][0-9]*[.]?[0-9]*";
     String str1="-0.618";
     String str2="999 大家好,-123.45908 明天放假了";
     if(str1.matches(regex)) {
        System.out.println(str1+"可以表示数字");
     }
     else  {
        System.out.println(str1+"不可以表示数字");
     }
     String result=str2.replaceAll(regex,"");
     System.out.println(
        "剔除\""+str2+"\"中的数字，\n 得到的字符序列是：");
     System.out.println(result);
   }
}
```

6.5 Pattern 类与 Matcher 类

6.5.1 Pattern 类

Pattern 类和 Matcher 类是 Java 正则表达式库提供的两个重要的类，有助于对字符串进行各种匹配和搜索操作。

Pattern 类是正则表达式在编译后的表示形式，提供了许多匹配和搜索操作方法。

Pattern 对象可以使用 Pattern 类的静态方法 compile(String regex)来创建。该方法会接收一个正则表达式字符串作为参数，返回一个表示该正则表达式的 Pattern 对象。

```
Pattern pattern = Pattern.compile("正则表达式");
```

Pattern 类封装了各种操作，包括匹配、查找、替换等，下面是匹配操作的几种方法。

- boolean matches(String regex, CharSequence input)：尝试将整个输入序列与该模式匹配，返回 true 或 false。
- Matcher matcher(CharSequence input)：创建一个 Matcher 对象，用于进行更复杂的匹配操作。

示例如下。

```
Pattern pattern = Pattern.compile("\\d{3}-\\d{8}");
//匹配电话号码格式（如 010-12345678）
Matcher matcher = pattern.matcher("010-12345678");
if(matcher.matches()){ //整个序列输入
    System.out.println("匹配成功");
} else {
    System.out.println("匹配失败");
}
```

拆分字符串，Pattern 类可以利用 split()方法将一个字符串拆分成多个部分，示例如下。

```
Pattern pattern = Pattern.compile(":");
String[] result = pattern.split("1:2:3:4:5");
```

6.5.2　Matcher 类

Matcher 类表示一个匹配操作的结果，并提供了和匹配相关的各种方法。可以通过调用 Matcher 对象的方法来获取匹配结果，如下所示。

- boolean matches()：尝试将整个输入序列与该模式匹配，返回 true 或 false。
- boolean find()：扫描输入序列，找到与该模式匹配的下一个子序列，如果找到则返回 true。

```
Pattern pattern = Pattern.compile("(\\d{3})-(\\d{7,8})");
Matcher matcher = pattern.matcher("010-12345678");
if(matcher.matches()){
    String areaCode = matcher.group(1);
```

```
    String localNumber = matcher.group(2);
    System.out.println("匹配结果：" + "区号：" + areaCode + "，电话号码：" +
localNumber);
} else {
    System.out.println("匹配失败");
}
```

Matcher 类还提供了以下方法来查找多个匹配结果。

- boolean find()：尝试查找与该模式匹配的输入序列的下一个子序列。
- int start()：返回当前匹配的起始索引。
- int end()：返回匹配的最后一个字符之后的索引。
- String group()：返回由上一个匹配操作所匹配的输入子序列。
- Matcher reset()：将匹配器的状态重置为初始状态。

```
Pattern pattern = Pattern.compile("\\d+");
Matcher matcher = pattern.matcher("a1b2c3d4");
while (matcher.find()) {
    System.out.println("匹配结果：" + matcher.group());
}
```

Matcher 类还提供了用于字符串替换的方法，主要有以下两种。

- String replaceAll(String replacement)：将输入序列的所有匹配值替换为指定的字符串。
- String replaceFirst(String replacement)：将输入序列的第一个匹配值替换为指定的字符串。

```
Pattern pattern = Pattern.compile("\\d+");
Matcher matcher = pattern.matcher("a1b2c3d4");
String result1 = matcher.replaceAll("");
String result2 = matcher.replaceFirst("x");
System.out.println("替换结果 1：" + result1);
System.out.println("替换结果 2：" + result2);
```

【例 6.5】 Pattern 类和 Matcher 类的使用示例

```
package c06;
import java.util.regex.Pattern;
import java.util.regex.Matcher;
import java.util.Arrays;
public class Example6_05 {
  public static void main(String args[ ]) {
```

```
    Pattern pattern;
    Matcher matcher;
    //匹配数字，整数或浮点数的正则表达式
    String regex="-?[0-9][0-9]*[.]?[0-9]*" ;
    pattern = Pattern.compile(regex);  //初始化模式对象
    String input = "市话：76.89元，长途：67.38元，短信：12.68元。";
    //初始化匹配对象，用于检索input
    matcher = pattern.matcher(input);
    double sum = 0;
    while(matcher.find()) {
       String str = matcher.group();
       sum += Double.parseDouble(str);
       System.out.print("从"+matcher.start()
             +"到"+matcher.end()+"匹配的子序列:");
       System.out.println(str);
    }
    System.out.println("总费用:"+sum+"元");
    String [] weatherForecast =
        {"北京：-9摄氏度至7摄氏度","广州：10摄氏度至21摄氏度","哈尔滨：-29摄氏度至-7
摄氏度"};
    double averTemperture[] =
           new double[weatherForecast.length];
    for(int i = 0;i<weatherForecast.length;i++ ){
         matcher = pattern.matcher(weatherForecast[i]);
         sum = 0;
         int count = 0;
         while(matcher.find()) {
            count++;
            sum = sum + Double.parseDouble(matcher.group());
         }
         averTemperture[i] = sum/count;
    }
    System.out.println("三地的平均气温:"+
            Arrays.toString(averTemperture));
    Arrays.sort(averTemperture);
    System.out.println("三地的平均气温（升序）:"+
            Arrays.toString(averTemperture));
  }
}
```

6.6 System 类

System 类是 Java 中的一个非常重要的类，在 Java 编程中经常使用。这个类提供了许多有用的静态方法和字段，用于管理和操作 Java 的系统资源、执行系统级任务和获取系统属性等。

System 类的主要方法如下。

- System.nanoTime()：返回当前时间（以纳秒为单位），示例如下。

```
long startTime = System.nanoTime();
long endTime = System.nanoTime();
System.out.println("运行时间：" + (endTime - startTime) + "纳秒");
```

- System.currentTimeMillis()：返回当前时间（以毫秒为单位）。
- System.arraycopy()：将一个数组中的元素复制到另一个数组中，示例如下。

```
int[] source = {1, 2, 3, 4, 5};
int[] destination = new int[5];
System.arraycopy(source, 0, destination, 0, 5);
```

- System.gc()：用于启动 Java 垃圾回收器。它会提示 JVM 回收未使用的对象，以释放内存空间。
- System.getProperties()：返回一个 Properties 对象，该对象包含当前系统的所有属性，示例如下。

```
Properties properties = System.getProperties();
properties.list(System.out);
```

- System.exit()：用于终止当前的 JVM。使用这个方法可以一次性结束整个程序。

6.7 Scanner 类

Scanner 类的主要作用是将输入的数据转化为字符串，并对这些字符串进行处理和分析，示例如下。

```
    Scanner scanner = new Scanner(System.in);
    String name = scanner.nextLine();
```

先创建一个 Scanner 类的对象 scanner，再通过 System.in 传入输入流。接下来使用

scanner.nextLine()方法读取输入的用户姓名。

Scanner 类的常用方法如下。

- next()：读取下一个字符串，以空格为分隔符。
- nextLine()：读取下一行字符串，以换行符为分隔符。
- nextInt()：读取下一个整数。
- nextDouble()：读取下一个双精度浮点数。
- useDelimiter()：设置分隔符。

Scanner 类可以读取多种数据类型的输入流，包括基本数据类型、字符型和字符串类型。除了使用 System.in 进行输入，Scanner 类还可以从文件和字符串中读取输入。

【例 6.6】 Scanner 类的使用示例

```
import java.util.*;
public class Example6_05 {
 public static void main(String args[]) {
    String cost = "话费清单：市话费 76.89 元，长途话费 167.38 元，短信费 12.68 元。";
    Scanner scanner = new Scanner(cost);
    scanner.useDelimiter("[^0123456789.]+"); //Scanner 类设置分隔符
    double sum=0;
    while(scanner.hasNext()){
       try{  double price = scanner.nextDouble();
            sum = sum+price;
            System.out.println(price);
       }
       catch(InputMismatchException exp){
            String t = scanner.next();
       }
    }
    System.out.println("总费用:"+sum+"元");
 }
}
```

6.8 LocalDate 类、LocalTime 类与 LocalDateTime 类

Java.time.*包是 Java SE 8 中引入的日期和时间 API。它提供了一种可靠的方法来处理日期和时间，同时处理时区。本节介绍该包中最重要的 LocalDate 类、LocalTime 类和 LocalDateTime 类。

（1）LocalDate 类。

LocalDate 类用于表示日期。通过 getYear()方法、getMonth()方法和 getDayOfMonth()方法获取年、月和日，示例如下。

```
LocalDate now = LocalDate.now();          // 当前日期
LocalDate date = LocalDate.of(2021, Month.JULY, 1);
int year = now.getYear();                 // 年
Month month = now.getMonth();             // 月
int day = now.getDayOfMonth();            // 日
```

LocalDate 类中还有其他方法，可以用于处理和操作日期。例如，可以使用 plusDays()方法、plusMonths()方法和 plusYears()方法加上或减去日、月和年，示例如下。

```
LocalDate newDate = now.plusDays(25);        // 加上 25 天
LocalDate newMonth = now.minusMonths(4);     // 减去 4 个月
```

（2）LocalTime 类。

LocalTime 类用于表示时间（不含日期）。通过 getHour()方法、getMinute()方法和 getSecond()方法获取时、分、秒，示例如下。

```
LocalTime now = LocalTime.now();             // 当前时间
LocalTime time = LocalTime.of(10, 20);       // 上午 10 点 20 分
int hour = now.getHour();                    // 时
int minute = now.getMinute();                // 分
int second = now.getSecond();                // 秒
```

还可以使用 plusHours()方法（minusltours()方法）、plusMinutes()方法（minusMinutes()方法）和 plusSeconds()方法（minusSeconds()方法）增加（或减少）时、分、秒，示例如下。

```
LocalTime newTime = now.plusHours(5);            // 增加 5 小时
LocalTime newMinute = now.minusMinutes(10);      // 减少 10 分钟
```

（3）LocalDateTime 类。

LocalDateTime 类是 LocalDate 类和 LocalTime 类的组合，表示日期和时间。通过 getMonthValue()、getDayOfMonth()、getHour()等方法获取年、月、日、时、分、秒，示例如下。

```
LocalDateTime now = LocalDateTime.now();    // 当前日期和时间
LocalDateTime dateTime = LocalDateTime.of(2021, Month.JULY, 1, 10, 20);
int year = now.getYear();                   // 年
Month month = now.getMonth();               // 月
int day = now.getDayOfMonth();              // 日
```

```
int hour = now.getHour();                         // 时
int minute = now.getMinute();                     // 分
int second = now.getSecond();                     // 秒
```

通过 plus()方法和 minus()方法添加或减去日、月、年、时、分、秒，示例如下。

```
LocalDateTime newDateTime = now.plusDays(5).plusMonths(2);
LocalDateTime newDateTime2 = now.minusYears(3).minusMinutes(10);
```

6.9　Arrays 类

Arrays 类是一个包含静态方法的实用工具类，为操作数组提供了便利。Arrays 类中的方法可以用来对数组进行操作，如排序、搜索、复制、填充、比较等。此外，Arrays 类还支持基本数据类型和对象类型的数组，如 int[]、double[] 和 Object[] 等。

Arrays 类的常见方法如下。

（1）Arrays.sort()。

该方法采用快速排序的原理对数组进行排序，支持对任意类型的数组进行排序，并且可以使用比较器来进行自定义排序，示例如下。

```
int[] arr = {3, 1, 4, 5, 2};
Arrays.sort(arr);  //将数组 arr 按照从小到大的顺序排序
```

注意：如果数组中的元素是对象，则需要保证对象实现了 Comparable 接口或者提供了比较器。

（2）Arrays.binarySearch()。

该方法可以用来搜索指定数组中的指定元素。在使用该方法前，需要确保数组已经排序。例如，下面的代码演示了如何在排序后的整数数组 arr 中搜索元素 3 的位置。

```
int[] arr = {1, 2, 3, 4, 5};
int index = Arrays.binarySearch(arr, 3);
```

注意：如果在未排序的数组中使用这个方法，则会返回不可预测的结果。此外，如果数组中不存在要搜索的元素，则可能返回负数。

（3）Arrays.fill()。

该方法用来将数组中的所有元素都设置为指定值。例如，下面的代码将一个大小为 5 的整数数组全部设置为 0。

```
int[] arr = new int[5];
Arrays.fill(arr, 0);
```

（4）Arrays.copyOf()。

该方法可以将一个数组复制到另一个数组中。这是通过使用 System.arraycopy()方法实现的。例如，下面的代码将数组 arr 复制到数组 arrCopy 中。

```
int[] arr = {1, 2, 3, 4, 5};
int[] arrCopy = Arrays.copyOf(arr, arr.length);
```

注意：如果新数组的长度小于源数组的长度，则新数组将被截断。如果新数组的长度大于源数组的长度，则新数组中的未赋值元素将被设置为默认值。

（5）Arrays.equals()。

该方法用来比较两个数组是否相等，采用的是值比较方式，数组中的每个元素都将被比较。例如，下面的代码将比较两个整数数组是否相等。

```
int[] arr1 = {1, 2, 3};
int[] arr2 = {1, 2, 3};
boolean isEqual = Arrays.equals(arr1, arr2);  //返回 true
```

注意：如果数组中的元素是对象，则需要保证对象能实现 equals()方法。

【例 6.7】Arrays 类的使用示例

```
package c06;
import java.util.*;
public class Example6_08 {
   public static void main(String[] args) {
       int[] a = {128, 132, 849, 713, 165, 418, 96, 540};
       System.out.print(a + "\t");
       System.out.println(a.toString());
       System.out.println(Arrays.toString(a));
       Arrays.sort(a);
       System.out.println(Arrays.toString(a));
       for (int i = 0; i < a.length - 1; i++) {
           for (int j = 0; j < a.length - i - 1; j++) {
               if (a[j] < a[j + 1]) {
                   int tmp = a[j];
                   a[j] = a[j + 1];
                   a[j + 1] = tmp;
               }
           }
       }
       System.out.println(Arrays.toString(a));
```

```
    }
}
```

【例 6.8】Arrays 类和 Comparable 类的使用示例

```
package c06;
class Student implements Comparable<Student> {
    private String name;
    private int age;
    private float score;
    public Student(String name, int age, float score) {
        this.name = name;
        this.age = age;
        this.score = score;
    }
    public String toString() {
        return name + "\t\t" + age + "\t\t" + score;
    }
    @Override
    public int compareTo(Student o) {
        if (this.score > o.score)
            return -1;      // 由高到低排序
        else if (this.score < o.score)
            return 1;
        else {
            if (this.age > o.age)
                return 1;  // 由低到高排序
            else if (this.age < o.age)
                return -1;
            else
                return 0;
        }
    }
}

public class Example6_07 {
    public static void main(String[] args) {
        Student stu[] = {new Student("zhangsan", 20, 90.0f),
                new Student("lisi", 22, 90.0f),
```

```
            new Student("wangwu", 20, 99.0f),
            new Student("sunliu", 22, 100.0f)};
        java.util.Arrays.sort(stu);
        for (Student s : stu) {
            System.out.println(s);
        }
    }
}
```

针对例 6.8，可以通过查阅 JDK 帮助文档比较 Comparable 类和 Comparator 接口的异同。

6.10 ArrayList 类

Java 语言中的 ArrayList 类是常用的集合类型之一。与传统的数组不同，ArrayList 类可以动态增长或减少，在操作上更加灵活方便。

以下是 ArrayList 类的一些常见用法。

（1）创建一个空的 ArrayList 类。

```
ArrayList<String> list = new ArrayList<String>();
```

（2）添加元素到 ArrayList 类中。

通过 add()方法将元素添加到 ArrayList 类中，示例如下。

```
list.add("apple");
list.add("banana");
list.add("orange");
```

（3）获取 ArrayList 类中的元素。

使用 get()方法从 ArrayList 类中获取元素，示例如下。

```
String firstFruit = list.get(0);
String secondFruit = list.get(1);
```

（4）删除 ArrayList 类中的元素。

使用 remove()方法删除 ArrayList 类中的元素，示例如下。

```
list.remove("apple");
```

（5）修改 ArrayList 类中的元素。

使用 set()方法修改 ArrayList 类中的元素，示例如下。

```
list.set(0, "pineapple");
```

（6）遍历 ArrayList 类中的元素。

使用 for 循环语句或者 foreach 循环语句遍历 ArrayList 类中的元素，示例如下。

```
for(int i = 0; i < list.size(); i++) {
   String fruit = list.get(i);
   System.out.println(fruit);
}
for(String fruit : list) {
   System.out.println(fruit);
}
```

（7）判断 ArrayList 类是否包含某个元素。

使用 contains()方法判断 ArrayList 是否包含某个元素，示例如下。

```
boolean containsOrange = list.contains("orange");
```

6.11 小结

1．字符串处理是程序设计中的常见应用，Java 语言提供了丰富的类库用于处理字符串。

2．正则表达式是一种强大的文本处理工具，可以在文本中进行搜索、替换和匹配等操作。

3．System 类和 Scanner 类是 Java 语言中非常重要的类，经常用于输入和输出操作。

4．Arrays 类是 JDK 中典型的工具类，提供了许多静态方法，使用非常方便。结合 Comparable 类和 Comparator 接口，用户能方便地进行数组排序。

5．ArrayList 类是实现 List 接口的数组列表类。它使用一维数组实现 List，支持对元素的快速访问，但在扩展或缩小数组时需要额外的系统开销。

本章练习

1．利用 ArrayList 类创建一个对象，为其添加若干个字符串类型的元素，随机选一个元素输出。

2．计算从你出生到今年今月今日的间隔天数。

3．设计一个学生类，包含学号、姓名、成绩属性，利用 Arrays 类按成绩从高到低的顺序排列并输出。

第7章

Java 基本输入输出

学习目的和要求

输入输出是指程序与外部设备或其他计算机进行交互的操作。Java 语言中的输入输出操作用流来实现，用统一的接口来表示，从而使程序设计简单明了。通过对本章的学习，理解 Java 的输入输出的设计原理，掌握常用输入输出流的基本操作。

主要内容

- 流的概念
- InputStream 类与 OutputStream 类
- Reader 类与 Writer 类
- 标准输入输出流
- File 类
- Java NIO 库

7.1 Java 的输入输出

JDK 在 java.io 包中提供了一系列的类和接口来实现输入/输出处理。标准输入/输出处理则是由 java.lang 包中提供的类来实现的，而这些类又都是从 java.io 包中的类继承而来的。与 C 语言类似，Java 语言也采用流式输入和输出。

7.1.1 流的概念

流（Stream）是指计算机各部件之间的数据流动。按照数据的传输方向，流分为输入流和输出流两类。将数据从外设或外存（如键盘、鼠标、文件等）传递到应用程序的流被称为输入流（Input Stream），将数据从应用程序传递到外设或外存（如屏幕、打印机、文件等）的流被称为输出流（Output Stream）。例如有一个文件，当向其中写入数据时，它就是一个输入流；当从其中读取数据时，它就是一个输出流。

流式的输入和输出的最大特点是，数据的获取和发送是沿着数据排列顺序进行的，每个数据都必须在它前面的数据被读入或送出后才能被读写，每次读写操作处理的都是序列中剩余第一个未读写数据，而不是随意选择输入和输出的位置。

7.1.2　缓冲流

为了提高数据的传输效率，通常使用缓冲流（Buffered Stream）为一个流配置一个缓冲区（Buffer），这个缓冲区是专门用于传送数据的一块内存。当向一个缓冲流中写入数据时，系统会将数据发送到缓冲区中，而非直接发送到外部设备中。缓冲区可以自动记录数据，当缓冲区被填满时，系统会将数据全部发送到相应的外部设备中。当从一个缓冲流中读取数据时，系统实际是从缓冲区中读取数据的。当缓冲区为空时，系统会从相应的外部设备中自动读取数据，并读取尽可能多的数据以填满缓冲区。

7.2　字节流与字符流

从流的内容上划分，流分为字节流和字符流。在 Java 语言中，流中的数据既可以是未经加工的原始二进制数据，也可以是经过一定编码处理后，符合某种格式的特定数据，即流是由位组合（bits）或字符组合（characters）构成的序列，如字符流序列、数字流序列等。字节流和字符流处理信息的基本单位分别是字节和字符。

字节流每次读写 8 位二进制数，由于它只能将数据以二进制的原始方式读写，而不能分解、重组或理解这些数据，所以可以使之变换、恢复到原来的有意义的状态；而字符流每次读写 16 位二进制数，并将其作为一个字符而非二进制数来处理。

字符流针对字符数据的特点进行了优化，从而提供了一些面向字符的有用的特性。字符流的源或目标通常是文本文件。Java 语言中的字符使用的是 16 位的 Unicode 编码，每个字符占 2 字节。字符流可以实现 Java 程序中的内部格式与文本文件、显示输出、键盘输入等外部格式之间的转换。

在 java.io 包中有四个基本抽象类：InputStream 类、OutputStream 类、Reader 类和 Writer 类，用于处理字节流和字符流。其中 InputStream 类和 OutputStream 类通常用来处理字节流，读写如图片、音频、视频之类的二进制数据，也就是二进制文件，也可以处理文本文件；而 Reader 类与 Writer 类则用来处理字符流，也就是文本文件。

7.2.1 InputStream 类与 OutputStream 类

InputStream 类中包含一套所有字节输入都需要的方法，可以完成从输入流读入数据的基本功能，其中的常用方法如下。

- int read()：从输入流中读取一个字节，返回一个 0～255 之间的整数。若返回-1，则表明流结束。
- int read(byte b[])：读取多个字节到数组中。若返回-1，则表明流结束。
- int read(byte b[], int off, int len)：从输入流中读取长度为 len 的数据，从数组 b 中索引 off 的位置开始写入，并返回读取到的字节数。若返回-1，则表明流结束。
- skip()：跳过流中若干字节数。
- available()：返回流中可用字节数。
- mark()：在流中标记一个位置。
- reset()：返回标记的位置。
- markSupport()：是否支持标记和复位操作。

OutputStream 类中包含一套所有字节输出都需要的方法，可以完成向输出流中写入数据的基本功能，其中的常用方法如下。

- write(int b)：将一个整数输出到流中（只输出低位字节，抽象）。
- write(byte b[])：将字节数组中的数据输出到流中。
- write(byte b[], int off, int len)：从数组 b 中索引 off 的位置开始，将长度为 len 的数据输出到流中。
- flush()：清空输出流，并将缓冲区中的数据强制送出。

使用 copy()方法把输入流中的所有内容复制到输出流中，示例如下。

```
public void copy(InputStream in, OutputStream out)
throws IOException {
    byte[] buf = new byte[4096];
    int len = in.read(buf);
    while (len != -1) {
    out.write(buf, 0, len);
    len = in.read(buf);
}
```

7.2.2 Reader 类与 Writer 类

InputStream 类和 OutputStream 类通常是用来处理字节流（位流）的，也就是二进制文件，而 Reader 类和 Write 类则是用来处理字符流的，也就是文本文件。与字节输入输出流的功能一样，字符输入输出流 Reader 类和 Write 类用于建立一条通往文本文件的通道，而要实现对字符数据的读写操作，还需要相应的读方法和写方法来完成。Reader 类和 Write 类提供的方法与 InputStream 类和 OutputStream 类基本相同，不再赘述。

7.2.3　字节字符转换流

InputStreamReader 类和 OutputStreamWriter 类用来作为字节流和字符流之间的中介。在使用这两者进行字符处理时，在构造方法中应指定一定的平台规范，以便把以字节方式表示的流转换为特定平台上的字符。

```
InputStreamReader(InputStream in);                    //默认规范
InputStreamReader(InputStream in, String enc);        //指定规范 enc
OutputStreamWriter(OutputStream out);                 //默认规范
OutputStreamWriter(OutputStream out, String enc);     //指定规范 enc
```

7.3　IO 流的应用

由于 InputStream 类、OutputStream 类、Reader 类和 Writer 类都是抽象类，所以在具体应用时使用的都是由它们派生的子类，不同的子类可以用于不同数据的输入和输出操作。

7.3.1　文件流

文件的输入和输出是最常见的应用之一，对于文本文件，输入和输出的方式更多。

【例 7.1】文本文件的读写示例

```
package c07;
import java.io.*;
import java.nio.charset.Charset;
public class Example7_01 {
//采用转换读写
    public static void txtIODemo1() throws IOException{
        BufferedReader br =
            new BufferedReader(
                new InputStreamReader(
                    new FileInputStream("test.txt"),"utf-8"));
        PrintWriter pw = new PrintWriter("test1.txt");
        String line;
        while ((line = br.readLine()) != null) {
```

```
            System.out.println(line);
            pw.println(line);
        }
        br.close();
        pw.close();
    }
//采用字符流读写
    public static void txtIODemo2() throws IOException{
        BufferedReader br =
            new BufferedReader(
            new FileReader("d:/test.txt", Charset.forName("UTF-8")));
        PrintWriter pw = new PrintWriter(new FileWriter("test2.txt"));
        String line;
        while ((line = br.readLine()) != null) {
            System.out.println(line);
            pw.println(line);
        }
        br.close();
        pw.close();
    }
//采用字节流读写
    public static void txtIODemo3() throws IOException{
        BufferedInputStream bis =
            new BufferedInputStream(
                new FileInputStream("test.txt"));
        PrintStream ps = new PrintStream("test3.txt");
        byte[] buffer = new byte[1024];
        while ( bis.read(buffer) != -1) {
            ps.write(buffer);
        }
        bis.close();
        ps.close();
    }
    public static void main(String[] args) throws IOException{
        txtIODemo1();
        txtIODemo2();
        txtIODemo3();
```

```
    }
}
```

7.3.2 标准输入输出流

对于一般的计算机系统，标准输入设备通常指键盘，标准输出设备通常指屏幕显示器。为了方便程序员通过程序对键盘输入和屏幕输出进行操作，JDK 在 System 类中定义了静态流对象 System.in、System.out 和 System.err。

System.in 对应于输入流，通常指键盘等输入设备，它是 BufferedInputStream 类的对象。当程序需要从键盘上读入数据时，只需调用 System.in 的 read()方法即可。该方法可以从键盘缓冲区中读入一个字节的二进制数据，并返回以此字节为低位字节、高位字节为 0 的整型数据。更常见的使用方式是调用 readLine()方法输入一行字符串。

```
BufferedReader br = new BufferedReader(
                               new InputStreamReader(System.in));
```

System.out 对应于输出流，通常指显示器等输出设备，它是打印输出流 PrintStream 类的对象。PrintStream 类中的常用方法有 print()和 println()，可以向屏幕中输送不同类型的数据。

System.err 对应于标准错误输出设备，通常是显示器，使得程序的运行错误可以有固定的输出位置。该对象基本与 System.out 相同，不同的是，System.err 会立即显示指定的错误信息给用户，即便指定程序将结果重新定位到某指定文件中，System.err 依然会将其显示在输出设备上。

7.3.3 数据流

DataInputStream 类和 DataOutputStream 类在提供了字节流的读写手段的同时，以统一的通用形式向输入流中写入了 boolean、int、long、double 等基本数据类型的值，可以再次读取基本数据类型的值，并提供字符串读写的方式。

【例 7.2】 数据流读写示例

```
package c07;
import java.io.*;
public class Example7_02 {
   public static void main(String[] args) throws IOException {
      DataOutputStream dos = new DataOutputStream(
            new FileOutputStream("temp.txt"));
      dos.writeBoolean(true);
```

```
        dos.writeByte((byte)123);
        dos.writeDouble(3.14);
        dos.writeInt(1234);
        dos.writeUTF("Java 字符串");
        dos.close();

        DataInputStream dis = new DataInputStream(
                new FileInputStream("temp.txt"));
        System.out.println(dis.readBoolean());
        System.out.println(dis.readByte());
        System.out.println(dis.readDouble());
        System.out.println(dis.readInt());
        System.out.println(dis.readUTF());
        dis.close();
    }
}
```

7.3.4 对象流

对象的输入输出涉及对象序列化和对象反序列化两个概念。对象的序列化机制允许把内存中的 Java 对象转换成和平台无关的二进制流，进而允许把这种二进制流持久地保存在磁盘上，或通过网络将这种二进制流传输到另一个网络节点中（序列化）。当其他程序获取了这种二进制流时，就可以将其恢复成原来的 Java 对象（反序列化）。对象的序列化和反序列化实现了对象和二进制流之间的相互转换。

对象序列化是通过对象输入类 ObjectInputStream 实现对对象的读操作的。

对象反序列化是通过对象输出类 ObjectOutputStream 实现对对象的写操作的。

当使用对象流写入或读取对象时，要保证对象是序列化的，进而保证把对象写入文件并正确读取到程序中。一个类如果实现了 Serializable 接口，那么这个类创建的对象就是序列化对象。由于 Serializable 接口中没有方法，因此实现该接口的类不需要实现额外的方法。

【例 7.3】 对象流读写示例

```
package c07;
import java.io.*;
public class Example7_03 {
    public static void main(String[] args) throws Exception {
        Person p = new Person("Jack", 20);
```

```
        ObjectOutputStream oos = new ObjectOutputStream(
                new FileOutputStream("temp.dat"));
        oos.writeObject(p);
        ObjectInputStream ois = new ObjectInputStream(
                new FileInputStream("temp.dat"));

        Person po = (Person) ois.readObject();
        System.out.println("名字为: " + po.getName()
                    + "\n 年龄为: " + po.getAge());
    }
}
class Person implements java.io.Serializable {
    private String name;
    private int age;
    public Person(String name, int age) {
        this.name = name;
        this.age = age;
    }
    public String getName() {
        return this.name;
    }
    public int getAge() {
        return this.age;
    }
}
```

7.4　File 类

File 类专门用来管理磁盘文件和文件夹，而不负责数据的输入输出。每个 File 类的对象都表示一个磁盘文件或文件夹，其对象属性中包含了文件或文件夹的相关信息，如文件名、长度、所含文件个数等。调用 File 类的方法可以完成对文件或文件夹的管理操作，如创建、删除等。

【例 7.4】File 类的使用示例

```
package c07;
import java.io.File;
```

```
import java.util.ArrayList;
public class Example7_07 {
    public static void main(String[] args) {
        File file = new File("temp.txt");
        if (file.isFile()) { // 是否为文件
            System.out.println(file + " 是文件");
            System.out.print(file.canRead() ? "可读" : "不可读");
            System.out.print(file.canWrite() ? "可写" : "不可写");
            System.out.println(file.length() + "字节");
        } else {
            // 列出所有的文件及目录
            File[] files = file.listFiles();
            ArrayList<File> fileList = new ArrayList<File>();
            for (int i = 0; i < files.length; i++) {
                if (files[i].isDirectory()) {
                    System.out.println("[" + files[i].getPath() + "]");
                } else {
                    // 文件先存入 fileList，待会儿再列出
                    fileList.add(files[i]);
                }
            }
            for (File f : fileList) {// 列出文件
                System.out.println(f.toString());
            }
            System.out.println();
        }
    }
}
```

7.5 Java NIO 库

New IO 库是在 JDK 1.4 中引入的一组 I/O 操作类库。Java NIO 库的核心在于通道（Channel）和缓冲区（Buffer）。Java NIO 库提供了比传统 IO 库更高效、更灵活的 I/O 操作，可以更好地满足现代应用程序的需求。

7.5.1　基本概念

1．通道（Channel）

通道是 Java NIO 库中的一种基本对象，代表了一个数据源或者数据目标，可以是磁盘文件、网络连接或者其他数据源。通道可以读取或写入数据，即数据的传输通过通道完成。通道类是 java.nio.channels.Channel，包含以下几种通道（类）。

- FileChannel：文件通道，可以读取或写入文件中的数据。
- DatagramChannel：数据报通道，可以通过 UDP 读取或写入数据。
- SocketChannel：Socket 通道，可以通过 TCP 读取或写入数据。
- ServerSocketChannel：服务器 Socket 通道，可以接收 TCP 连接请求。

通道还可以打开高级数据源或数据目标，有以下几个重要方法。

- isOpen()：判断通道是否处于打开状态。
- close()：关闭通道。

2．缓冲区（Buffer）

缓冲区是数据的中转站，数据在通道和缓冲区之间传输。缓冲区是一个连续的内存块，可以保存一定量的数据，并且可以通过指针进行随机读写操作。缓冲区类是 java.nio.Buffer，包含以下几种缓冲区（类）。

- ByteBuffer：字节缓冲区，可以保存字节类型的数据。
- CharBuffer：字符缓冲区，可以保存字符型的数据。
- ShortBuffer：短整数缓冲区，可以保存短整数类型的数据。
- IntBuffer：整数缓冲区，可以保存整型的数据。
- LongBuffer：长整数缓冲区，可以保存长整数类型的数据。
- FloatBuffer：浮点数缓冲区，可以保存浮点型的数据。
- DoubleBuffer：双精度缓冲区，可以保存双精度类型的数据。

缓冲区用于保存数据，以便它们可以被读写。缓冲区最重要的几个方法如下。

- clear()：清空缓冲区，使其可以重新写入数据。
- flip()：将缓冲区从写模式切换为读模式。
- rewind()：将缓冲区的指针含量重置为 0，可以重复读写缓冲区的数据。

3．选择器类（Selector）

选择器类是 java.nio.channels.Selector，用于监听多个通道上的事件，如新连接、数据就绪等 I/O 事件。

4．通道工具类（Channels）

通道工具类是 java.nio.channels.Channels，该类提供了一些静态方法，用于将通道和 I/O

流进行转换。

7.5.2 Java NIO 操作方式

Java NIO 库的操作方式和传统 IO 库有很大的不同。新的 I/O 操作方式主要包括以下几个步骤。

- 打开通道。
- 创建缓冲区。
- 将数据写入缓冲区。
- 调用缓冲区的 flip()方法，将缓冲区由写模式切换为读模式。
- 从缓冲区中读取数据。
- 关闭通道。

【例 7.5】 Java NIO 库使用示例

```
package c07;
import java.io.IOException;
import java.nio.ByteBuffer;
import java.nio.CharBuffer;
import java.nio.channels.FileChannel;
import java.nio.charset.Charset;
import java.nio.charset.CharsetDecoder;
import java.nio.file.Path;
import java.nio.file.Paths;
import java.nio.file.StandardOpenOption;
public class Example7_05 {
   public static void main(String[] args) throws IOException {
       Path path = Paths.get("test.txt");
       FileChannel fileChannel = FileChannel.open(path,
               StandardOpenOption.WRITE,
               StandardOpenOption.READ,
               StandardOpenOption.CREATE);

       ByteBuffer byteBuffer = ByteBuffer.allocate(128);
       byteBuffer.put("Hello! Java 语言! ".getBytes());

       byteBuffer.flip();
       while (byteBuffer.hasRemaining()) {
```

```
            fileChannel.write(byteBuffer);
        }

        while (fileChannel.read(byteBuffer)!= -1) {
            byteBuffer.flip();
            Charset charset = Charset.forName("gbk");
            CharsetDecoder decoder = charset.newDecoder();
            CharBuffer cbuff = decoder.decode(byteBuffer);
            System.out.println(cbuff);
            byteBuffer.clear();
        }
        fileChannel.close();
    }
}
```

7.6 小结

1．Java 语言是以流的方式来处理输入输出的，流可以分为输入流与输出流两种。

2．可以通过 InputStream 类、OutputStream 类、Reader 类与 Writer 类来处理流的输入输出。

3．InputStream 类与 OutputStream 类及其子类既可以用于处理二进制文件也可以用于处理文本文件，但主要以处理二进制文件为主。

4．Reader 类与 Writer 类用来处理文本文件的读取和写入操作，通常先用它们的派生类来创建实体对象，再利用派生类来处理文本文件的读写操作。

5．java.nio 包提供了比传统 IO 库更高效，更灵活的 I/O 操作方式，可以更好地满足现代应用程序的需求。

本章练习

1．编写应用程序，分别使用 FileInputStream 类和 FileReader 类的对象读取程序（或其他目录下的文件）并显示在屏幕上。同时，比较两种方法的性能。

2．编写一个能够产生 100 个 1～9999 之间的随机整数的程序，并将其写入某个指定文件。

第8章

多线程

学习目的和要求

现在的操作系统不仅支持多进程，还支持多线程。Java 语言是第一个显性地包含线程的主流编程语言，它没有把线程看作底层操作系统的工具，这给程序员编写多线程应用程序带来了便利。多线程能满足程序员编写高效率的程序来达到充分利用 CPU 的需求。通过对本章的学习，理解多线程的基本概念，掌握一般多线程应用程序的创建。

主要内容

- 线程的概念
- Thread 类与 Runnable 接口
- 线程的优先级与调度
- 线程同步

8.1 线程的概念

8.1.1 程序、进程与线程

程序是含有指令和数据的文件，被存储在磁盘或其他数据存储设备中，即程序是静态的代码。进程是程序的一次执行过程，是系统运行程序的基本单位，因此进程是动态的。

进程是操作系统进行资源分配和处理器调度的基本单位，拥有独立的代码、内部数据和运行状态。系统运行一个程序，就是一个进程从创建、运行到消亡的过程。简单地说，一个进程就是一个执行中的程序，在计算机中执行一个接着一个的指令。同时，每个进程都占有某些系统资源，如 CPU 时间、内存空间、文件、输入和输出设备的使用权等。每个进程之间都是独立的，除非利用某些通信管道来进行通信，或者通过操作系统产生交互作用。

线程是进程中的“单一的连续控制流程”，一个进程可以拥有多个并行的线程，一个进程中的线程共享相同的内存单元，可以访问相同的变量和对象。线程切换所占用的系统资源较少，因此线程也被称为轻量级进程（Light Weight Process）。另外，多任务与多线程是两个不同的概念，多任务是针对操作系统而言的，表示操作系统可以同时运行多个应用程序；而多线程是针对一个进程而言的，表示在一个进程内部可以同时执行多个线程。

8.1.2 线程的状态与生命周期

为实现多线程，可以在主线程中创建新的线程对象。Java 语言使用 Thread 类及其子类的对象来表示线程。新建的线程在它的一个完整的生命周期内通常要经历 5 种状态，通过线程的控制与调度可以实现线程在这几种状态之间的转换。线程的状态转换如图 8.1 所示。

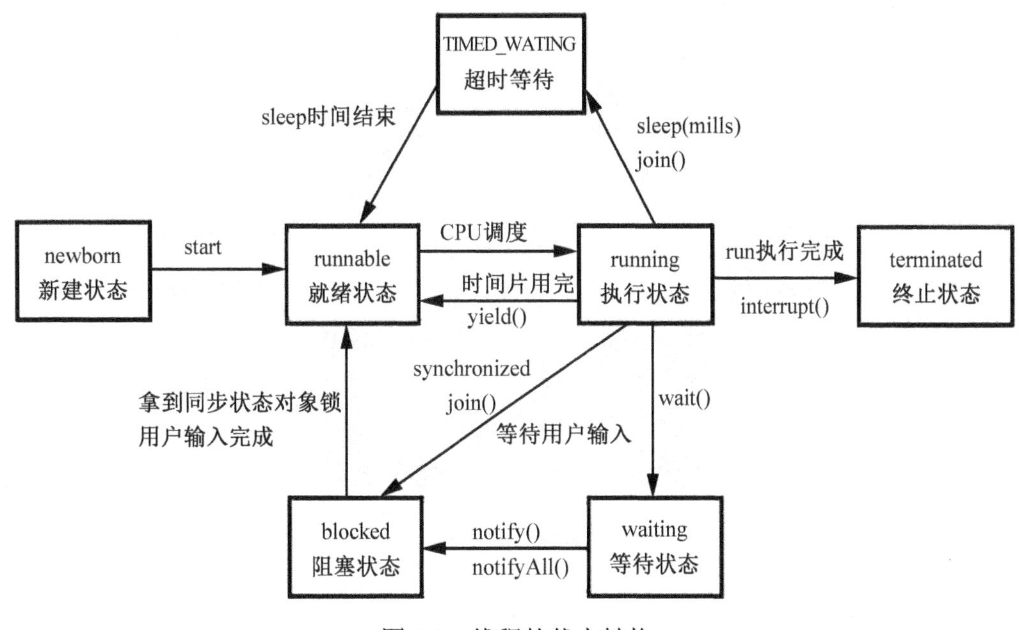

图 8.1 线程的状态转换

（1）新建状态（newborn）。

当一个 Thread 类及其子类的对象被声明并创建，但还未被执行时，该类处于一种特殊的新建状态。此时，线程对象已经被分配了内存空间及其他资源，并已经被初始化，但是该线程尚未被调度。该线程在被调度后会变成就绪状态。

（2）就绪状态（runnable）。

就绪状态也称可运行状态。处于新建状态的线程在被调度后，将进入队列排队等待 CPU 资源，此时它已经具备了运行的条件，即处于就绪状态。一旦轮到它来享用 CPU 资源，它就可以脱离创建它的主线程而独立开始自己的生命周期了。另外，原来处于阻塞状态的线程在被解除阻塞后也将进入就绪状态。

（3）执行状态（running）。

当就绪状态的线程被调度并获得 CPU 资源时，便进入执行状态。该状态表示线程正在被执行，该线程已经拥有了对 CPU 的控制权。每一个 Thread 类及其子类的对象都有一个重要的 run()方法，该方法定义了这一类线程的操作和功能。当线程对象被执行时，它将自动调用本对象中的 run()方法，从该方法的第一条语句开始执行，一直到执行完毕，除非该线程主动让出 CPU 的控制权或者 CPU 的控制权被优先级更高的线程抢占。处于执行状态的线程在下列情况下将让出 CPU 的控制权。

- 线程执行完毕。
- 有比当前线程优先级更高的线程处于就绪状态。
- 线程主动睡眠一段时间。
- 线程在等待某一资源。

（4）阻塞状态（blocked）。

一个正在被执行的线程在某些特殊情况下，将让出 CPU 的控制权并暂时中止自己的执行，这种不可执行的状态被称为阻塞状态。在阻塞状态下，系统不能执行线程，即使 CPU 空闲也不能执行。下面几种情况可以使一个线程进入阻塞状态。

- 调用 sleep()或 yield()方法。
- 为等待一个条件变量，线程调用 wait()方法。
- 该线程与另一个线程使用 join()方法连接。

一个线程在阻塞状态下不能进入队列，只有在引起阻塞的原因被消除时，线程才可以转入就绪状态，重新进入到队列中排队等待 CPU 资源，以便从原来的暂停处继续执行。处于阻塞状态的线程通常需要由某些事件唤醒，至于由什么事件唤醒该线程，则取决于其阻塞的原因。处于睡眠状态的线程必须被阻塞一段固定的时间，当睡眠结束时变成就绪状态；因为等待资源或信息而被阻塞的线程则需要由一个外来事件唤醒。

（5）终止状态（terminated）。

处于终止状态的线程不具有继续执行的能力。导致线程终止的原因有两个。

- 正常运行的线程完成了它的全部工作，即执行完了 run()方法的最后一条语句并退出。
- 当进程因故停止执行时，该进程中的所有线程将被强行终止。

8.2 Thread 类与 Runnable 接口

Java 语言中实现多线程的方法有两种，一种是继承 java.lang 包中的 Thread 类，另一种是程序员在自定义的类中实现 Runnable 接口。不管采用哪种方法，都要用到 Java 语言类库中的 Thread 类及相关的方法。

8.2.1 用 Thread 类的子类创建线程

Java 语言类库中已经定义了 Thread 这个基本类，并内置了一组方法，使程序员能够通过程序来产生、执行、终止线程，或者查看线程的执行状态。

【例 8.1】用 Thread 类的子类创建线程示例

```
package c08;
class SimpleThread extends Thread {
   public SimpleThread(String str) {
      super(str);
   }
   public void run() {
      System.out.println(getName() + "线程开始!");
      for (int i = 0; i < 8; i++) {
         System.out.println(i + " " + getName());
         try {
            sleep((long) (Math.random() * 1000));
         } catch (InterruptedException e) {
         }
      }
      System.out.println(getName() + " 线程运行结束!");
   }
}
public class Example8_01 {
   public static void main(String[] args) {
      new SimpleThread("A").start();
      new SimpleThread("B").start();
   }
}
```

示例说明如下。

要在一个 Thread 类的子类中激活线程，必须先做好以下 3 点。

（1）此类必须继承自 Thread 类。

（2）线程要执行的代码必须写在 run()方法内。

（3）通过线程的 start()方法来启动线程，不能直接调用 run()方法。

sleep()是 Thread 类的静态方法，参数单位是毫秒，会抛出 InterruptedException 类型的异常，此处该语句可以控制线程睡眠时间为 0～1 的随机数。

8.2.2 用 Runnable 接口创建线程

Runnable 接口是 Java 语言中实现线程的接口，定义在 java.lang 包中，只提供了一个抽象方法 run 的声明。从本质上说，任何实现线程的类都必须实现该接口。比如，Thread 类直接继承了 Object 类，并实现了 Runnable 接口，所以其子类才具有线程的功能。使用 Runnable 接口创建线程的好处不仅在于它间接地解决了多重继承问题，与 Thread 类相比，Runnable 接口更适合多个线程处理同一资源的情况。事实上，几乎所有的多线程应用程序都可以用 Runnable 接口来实现。

【例 8.2】 用 Runnable 接口创建线程示例

```
package c08;
class RunnaleDemo implements Runnable {
    String name;

    public RunnaleDemo(String str) {
        name = str;
    }

    public void run() {
        for (int i = 0; i < 8; i++) {
            System.out.println(i + " " + name);
            try {
                Thread.sleep((long) (Math.random() * 1000));
            } catch (InterruptedException e) {
            }
            System.out.println("DONE!" + name);
        }
    }
}

public class Example8_02 {
    public static void main(String[] args) {
        RunnaleDemo a = new RunnaleDemo("Jack");
        Thread thread1 = new Thread(a);
        thread1.start();
        RunnaleDemo b = new RunnaleDemo("Tom");
        Thread thread2 = new Thread(b);
        thread2.start();
```

```
    }
}
```

示例说明如下。

该程序的功能与例 8.1 的功能基本相同。需要说明的是，由于本例的 MyThread 类是由 Runnable 接口实现的，所以 sleep()方法要加前缀 Thread。

8.2.3 线程间的数据共享

同一进程的多个线程间可以共享相同的内存单元，并利用这些共享单元来实现数据交换、实时通信和必要的同步操作。使用 Runnable 接口可以轻松实现多个线程共享数据，只需用一个可运行对象作为参数创建多个线程即可。

【例 8.3】 用 Runnable 接口模拟售票系统，实现线程间的数据共享

```
package c08;
class SaleDemo implements Runnable {
    private int tickets = 9;

    public void run() {
        while (true) {
            if (tickets > 0) {
                System.out.println(Thread.currentThread().getName()
                        + "sale ticket" + tickets--);
            } else
                System.exit(0);
        }
    }
}

public class Example8_03 {
    public static void main(String[] args) {
        SaleDemo t = new SaleDemo();
        Thread t1 = new Thread(t, "t1 ");
        Thread t2 = new Thread(t, "t2 ");
        Thread t3 = new Thread(t, "t3 ");
        t1.start();
        t2.start();
        t3.start();
```

```
    }
}
```

8.3 线程的优先级与调度

1．优先级

在多线程系统中，每个线程都被赋予了一个执行优先级。优先级决定了线程被 CPU 执行的优先顺序。优先级高的线程可以在一段时间内获得比优先级低的线程更多的执行时间。这样好像制造了不平等，然而带来了效率。如果线程的优先级完全相同，就按照“先来先用”的原则进行调度。

Java 语言中线程的优先级从低到高以整数 1～10 表示，共分为 10 级。Thread 类有 3 个关于线程优先级的静态常量：MIN_PRIORITY 表示最低优先级，通常为 1；MAX_PRIORITY 表示最高优先级，通常为 10；NORM_PRIORITY 表示普通优先级，默认值为 5。

对应一个新建的线程，系统会遵循以下原则为其指定优先级。

（1）新建的线程将继承父线程的优先级。父线程是指执行创建新线程对象语句所在的线程，它可能是程序的主线程，也可能是某个用户自定义的线程。

（2）在一般情况下，主线程具有普通优先级。

另外，如果想要改变线程的优先级，则可以通过调用线程对象的 setPriority()方法来进行设置。

2．调度

调度是指在各个线程之间分配 CPU 资源。多个线程的并发执行实际上是通过一个调度来进行的。线程调度有两种模型：分时模型和抢占模型。在分时模型中，CPU 资源是按照时间片来分配的，获得 CPU 资源的线程只能在指定的时间片内执行，一旦时间片使用完毕，就必须把 CPU 资源让给另一个处于就绪状态的线程。在分时模型中，线程本身不会让出 CPU 资源；在抢占模型中，当前活动的线程一旦获得执行权，就将一直执行下去，直到执行完或由于某种原因主动放弃执行权。例如，在一个低优先级线程的执行过程中，有一个高优先级线程准备就绪，那么低优先级线程就要把 CPU 资源让给高优先级线程。为了使低优先级线程有机会执行，高优先级线程应该不时地主动进入“睡眠”状态，暂时让出 CPU 资源。Java 语言支持抢占模型。

8.4 线程同步

在多线程应用程序中，多个线程会访问同一个对象，或者修改这个对象，这时就需要用到“线程同步”。线程同步是一种等待机制，多个需要同时访问的线程进入这个对象的等待池并形成队列，前面的线程使用完毕，下一个线程再使用。接下来以银行取款的经典案例来演示线程冲突现象。银行取款基本可以分为以下几个步骤。

- 用户输入账户、密码，系统判断用户的账户、密码是否匹配。
- 用户输入取款金额。
- 系统判断账户余额是否大于取款金额。如果账户余额大于取款金额，则取款成功；如果账户余额小于取款金额，则取款失败。

【例 8.4】线程冲突示例

```
package c08;
class Account {
    private String accountNo;
    private double balance;
    public Account(String accountNo, double balance) {
        this.accountNo = accountNo;
        this.balance = balance;
    }
    public String getAccountNo() {
        return accountNo;
    }
    public void setAccountNo(String accountNo) {
        this.accountNo = accountNo;
    }
    public double getBalance() {
        return balance;
    }
    public void setBalance(double balance) {
        this.balance = balance;
    }
}

class DrawThread extends Thread {
    private Account account;
    private double drawMoney;
    public DrawThread(String name, Account account, double drawMoney) {
        super(name);
        this.account = account;
```

```
        this.drawMoney = drawMoney;
    }

    @Override
    public void run() {
        synchronized (account) {
            if (this.account.getBalance() >= this.drawMoney) {
                System.out.println(
this.getName() + " 取钱成功，取出金额：" + this.drawMoney);
                try {
                    Thread.sleep(1000);
                } catch (InterruptedException e) {
                    e.printStackTrace();
                }
                this.account
     .setBalance(this.account.getBalance() - this.drawMoney);
                System.out.println("余额为：" + this.account.getBalance());
            } else {
                System.out.println("余额不足！");
            }
        }
    }
}

public class Examle8_04 {
    public static void main(String[] args) {
        Account account = new Account("11001", 1000);
        DrawThread jack = new DrawThread("Jack", account, 800);
        DrawThread tom = new DrawThread("Tom", account, 800);
        jack.start();
        tom.start();
    }
}
```

如果注释掉 synchronize 代码段，则运行结果会变为 Jack 和 Tom 都能从该账户中取出 800 元，这是由于同一进程的多个线程共享同一块内存空间，在带来方便的同时，也带来了访问冲突的问题。

在并发程序设计中，多线程共享的资源或数据被称为临界资源或同步资源，每个线程中访问临界资源的那一段代码被称为临界代码或临界区。简单地说，在一个时刻只能被一个线程访问的资源就是临界资源，而访问临界资源的那段代码就是临界区。临界区必须互斥地使用，即一个线程在执行临界代码时，其他线程不准进入临界区，直至该线程退出。为了使临界代码对临界资源的访问成为一个不可被中断的原子操作，Java 语言利用对象“互斥锁”机制来实现线程间的互斥操作。在 Java 语言中，每个对象都有一个“互斥锁”与之相连。线程 A 在获得了一个对象的互斥锁后，若线程 B 也想获得该对象的互斥锁，就必须等待线程 A 完成规定的操作并释放互斥锁，才能获得该对象的互斥锁，并执行自身的操作。由于一个对象的互斥锁只有一个，所以利用对象对互斥锁的争夺，可以实现不同线程的互斥效果。在一个线程获得互斥锁后，该互斥锁的其他线程只能处于等待状态。在编写多线程的程序时，利用这种互斥锁机制，可以实现不同线程间的互斥操作。

为了保证互斥，Java 语言使用 synchronized 关键字来标识同步的资源，这里的资源可以是一种类型的数据，也就是对象，也可以是一个方法，还可以是一段代码。synchronized 直译为同步，但实际指的是互斥。synchronized 关键字的语法格式如下。

格式一：同步语句。

```
Synchronized(对象) {
    临界代码段
  }
```

其中，“对象”是多个线程共同操作的公共变量，即需要锁定的临界资源，它将被互斥地使用。

格式二：同步方法。

```
public synchronized 返回类型方法名() {
    方法体
  }
```

同步方法的等效格式如下。

```
public 返回类型方法名() {
      synchronized(this){
          方法体
      }
  }
```

synchronized 关键字的功能是：首先判断对象或方法的互斥锁是否存在，若存在则获得互斥锁，然后执行紧随其后的临界代码或方法体；如果对象或方法的互斥锁不存在（已被其他线程拿走），则进入等待状态，直到获得互斥锁。当被 synchronized 限定的代码段执行完成时，就会自动释放互斥锁。

8.5 小结

1．线程是指程序的运行流程。多线程机制可以同时运行多个程序块，使程序运行变得更高效，也可以克服传统编程语言所无法克服的问题。

2．多任务与多线程是两个不同的概念。多任务是针对操作系统而言的，表示操作系统可以同时运行多个应用程序；而多线程是针对一个程序而言的，表示在一个程序内部可以同时执行多个线程。

3．创建线程有两种方法，一种是继承 java.lang 包中的 Thread 类，另一种是在自定义的类中实现 Runnable 接口。

4．run()方法给出了线程要执行的任务。若类派生自 Thread 类，则必须把线程要执行的代码写在 run()方法内，实现覆盖操作；若要实现 Runnable 接口，则必须在要实现 Runnable 接口的类中定义 run()方法。

5．如果要在类中激活线程，则必须先做好以下两件事情，一是此类必须继承自 Thread 类或实现了 Runnable 接口；二是线程的任务必须写在 run()方法内；三是用线程的 start()方法来启动线程。

6．每一个线程，在其创建和消亡之前，均会处于下列 5 种状态之一：新建状态、就绪状态、执行状态、阻塞状态和终止状态。

7．被多个线程共享的对象在同一时刻只允许一个线程操作，这就是同步控制。

8．只有当一个线程执行完它所调用对象的所有 synchronized 代码段或方法时，该线程才会自动释放这个对象的互斥锁。

本章练习

一、填空题

1．多线程是指程序中同时存在________个执行体，它们按几条不同的执行路线共同工作，独立完成各自的功能而互不干扰。

2．每个 Java 程序都有一个默认的主线程，对于 Application 类型的程序，主线程是方法________执行的线程。

3．Java 语言使用________类的子类的对象来创建线程，新建的线程在它的一个完整的生命周期中通常要经历________、________、________、________和________5 种状态。

4．在 Java 语言中，创建线程的方法有两种，一种方法是通过创建________类的子类来实现，另一种方法是通过________接口的类来实现。

5．Thread 类和 Runnable 接口中共有的方法是______，只有 Thread 类中有而 Runnable 接口中没有的方法是_______，因此通过 Runnable 接口创建的线程类要想启动线程，就必须在程序中创建_______类的对象。

6．在 Java 语言中，实现同步操作的方法是在共享内存变量的方法前加______修饰符。

二、思考题

1．简述线程的基本概念，程序、进程、线程的关系是什么？

2．什么是多线程？为什么程序的多线程功能是必要的？

3．多线程与多任务的差异是什么？

4．在什么情况下，必须以类实现 Runnable 接口来创建线程？

5．什么是线程的同步？程序中为什么要实现线程的同步？是如何实现同步的？

第 9 章

Swing 图形用户界面

学习目的和要求

图形用户界面（Graphical User Interface，GUI）是借助菜单、按钮等标准界面元素和鼠标操作，帮助用户方便地向计算机系统发出指令、启动操作，并将系统运行的结果以图形的方式显示给用户的技术。图形用户界面是用户与计算机进行交互的图形化操作界面，因此 GUI 又称图形用户接口。通过对本章的学习，理解 Swing 的基本组件和 AWT 的事件处理模型，掌握基本 GUI 应用程序的编写。

主要内容

- AWT 与 Swing
- Swing 组件
- 布局
- 事件处理
- 事件类型与监听器类型
- JTable

9.1 AWT 与 Swing

在早期进行用户界面设计时，使用的是 java.awt 包提供的类，如 Button、TextField 等组件类。AWT 是 Abstrac Window Toolkit 的缩写。Java 2 增加了一个新的 javax.swing 包，该包提供了功能更为强大的用来设计 GUI 界面的类。用 java.awt 包中的类创建的组件习惯上被称为重组件，当用 java.awt 包中的 Button 类创建一个按钮组件时，会有一个相应的本地组件为它工作（被称为它的同位体）。

AWT 组件的设计原理是把与显示组件有关的许多工作和处理组件事件的工作交给相

应的本地组件，因此有同位体的组件被称为重组件。但AWT组件的缺点也很明显，一是程序的外观在不同的平台上可能有所不同，而且重组件的类型不能满足GUI设计的需要，如不能把一张图像添加到AWT按钮或标签上，因为AWT按钮或标签外观绘制是由本地的对等组件，即同位体来完成的，而同位体可能是用C++语言编写的，它的行为是不能被Java语言扩展的；二是使用AWT组件进行GUI设计可能会消耗大量的系统资源。

Swing组件提供了许多比AWT组件更好的屏幕显示元素，使用纯Java语言实现，能够更好地跨平台运行。为了和AWT组件进行区分，Swing组件在javax.swing.*包中的类名均以“J”开头，如JFrame、JLabel、JButton等。Swing组件的轻组件在设计上和AWT组件完全不同，轻组件把与显示组件有关的许多工作和处理组件事件的工作交给了相应的UI代表来完成。这些UI代表是用Java语言编写的类，这些类会被增加到Java的运行环境中，因此组件的外观不依赖平台，不仅在不同平台上的外观是相同的，而且较重组件而言有更强大的性能。

Swing组件可以看作是AWT组件的改良版，是对AWT组件的提高和扩展，而非AWT组件的替代品。在编写GUI程序时，Swing组件和AWT组件都会起作用，它们共存于Java基础类（Java Foundation Class，JFC）中。

9.2 Swing组件

Java程序的图形界面由各种不同类型的“元素”组成，如窗口、菜单栏、对话框、标签、按钮、文本框等，这些元素统一被称为组件（Component）。组件按照不同的功能，可以分为顶层容器、中间容器、基本组件。一个简单的图形界面，可以有以下层级结构。

- 顶层容器
  - ➢ 菜单栏
  - ➢ 中间容器
    - ✧ 基本组件1
    - ✧ 基本组件2

对于容器（Container）类，既可以用add()方法为其添加组件，也可以用removeAll()方法移除容器中的全部组件，或用remove(Component c)方法移除容器中指定的组件。每当为容器添加新的组件或移除组件时，都应该调用validate()方法，以保证容器中的组件能正确显示。

容器本身也是一个组件，因此可以把一个容器添加到另一个容器中实现容器的嵌套。

9.2.1 顶层容器

顶层容器属于窗口类组件，可以独立显示，一个图形界面中至少需要有一个窗口，Swing

组件提供了 4 种顶层容器，分别为 JWindow、JDialog、JApplet 和 JFrame。

（1）JWindow。

JWindow 是一个不带有标题行和控制按钮的窗口，很少直接使用。

（2）JDialog。

JDialog 用于创建对话框。

（3）JApplet。

JApplet 用于创建小应用程序，它被包含在浏览器窗口中。

（4）JFrame。

JFrame 是一个带有标题和控制按钮（最小化、恢复/最大化、关闭）的独立窗口，有时被称为框架，程序员在创建 GUI 应用程序时经常使用。JFrame 的常用方法如下。

```
new JFrame("新窗口");//初始不可见，带有指定标题的新框架窗体
//移动并调整框架的大小，左上角位置的横纵坐标由 x、y 控制，框架的宽高由 width 和 height 控制
void setBounds(int x,int y,int width,int height)
//框架的宽高由 width 和 height 控制
void setSize(int width,int height)
//设置框架的背景色
void setBackground(Color bg)
//设置框架可见或不可见
void setVisible(boolean flag)
//调整框架的大小，以适合其子组件的首选大小和布局
void pack()
//返回此框架的内容窗口对象
Container getContentPane()
//设置布局管理器
void setLayout(LayoutMananger manager)
```

【例 9.1】 JFrame 窗体示例

```
package c09;
import javax.swing.*;
import java.awt.*;
public class Example9_01 {
   public static void main(String[] args) {
      JFrame jf = new JFrame("一个窗口");
      Container con = jf.getContentPane();
      con.setBackground(Color.blue) ;
      jf.setBounds(100,120,200,160);
```

```
        jf.setVisible(true);
    }
}
```

9.2.2 中间容器

中间容器可以充当基本组件的载体，不能独立显示。在中间容器中可以添加若干个基本组件（也可以嵌套中间容器），对容器内的组件进行管理，类似于对各种复杂的组件进行分组管理。顶层的中间容器必须依托在顶层容器（窗口）内。

（1）常用的中间容器（面板）。

- JPanel：一般轻量级面板组件。
- JScrollPane：带滚动条的，可以水平和垂直滚动的面板组件。
- JSplitPane：分隔面板。
- JTabbedPane：选项卡面板。
- JLayeredPane：层级面板。

（2）特殊的中间容器。

- JToolBar：工具栏。
- JPopupMenu：弹出菜单。
- JInternalFrame：内部窗口。
- JMenuBar、JMenu、JMenuItem 分别指菜单栏、菜单和菜单项，菜单要放在菜单栏里，菜单项要放在菜单里。

【例 9.2】 菜单使用示例

```
package c09;
import javax.swing.*;
import java.awt.event.*;
public class Example9_02 {
    public static void main(String args[]){
        MenuDemo win=new MenuDemo("菜单演示");
    }
}
class MenuDemo extends JFrame{
    JMenuBar menubar;
    JMenu menu;
    JMenuItem item1,item2;
    MenuDemo(String s){
        setTitle(s);
```

```
        setSize(160,170);
        setLocation(120,120);
        setVisible(true);
        menubar=new JMenuBar();
        menu=new JMenu("文件");
        item1=new JMenuItem("打开",new ImageIcon("open.gif"));
        item2=new JMenuItem("保存",new ImageIcon("save.gif"));
        item1.setAccelerator(KeyStroke.getKeyStroke('O'));
        item2.setAccelerator(KeyStroke.getKeyStroke(
                            KeyEvent.VK_S,InputEvent.CTRL_MASK));
        menu.add(item1);
        menu.addSeparator();
        menu.add(item2);
        menubar.add(menu);
        setJMenuBar(menubar);
        pack();
    }
}
```

9.2.3 基本组件

（1）常用的简单基本组件。

- JLabel：标签。
- JButton：按钮。
- JRadioButton：单选按钮。
- JCheckBox：复选框。
- JTextField：文本框。
- JPasswordField：密码框。
- JTextArea：文本区域。
- JComboBox：下拉列表框。
- JList：列表。
- JProgressBar：进度条。
- JSlider：滑块。

（2）选取器及其他复杂组件。

- JFileChooser：文件选取器。
- JColorChooser：颜色选取器。

- JTable：表格。
- JTree：树。

【例 9.3】Swing 常用组件使用示例

```
package c09;
import javax.swing.*;
import java.awt.*;
public class Example9_03 {
  public static void main(String args[]) {
    ComponentDemo win = new ComponentDemo();
    win.setBounds(100,120,420,360);
    win.setTitle("常用组件");
  }
}
class ComponentDemo extends JFrame {
  JTextField text;
  JButton   button;
  JCheckBox  cb1, cb2, cb3;
  JRadioButton radio1,radio2;
  ButtonGroup  bgroup;
  JComboBox<String> comBox;
  JTextArea  area;
  public ComponentDemo() {
    setLayout(new FlowLayout());
    JLabel label= new JLabel("文本框:");
    add(label);
    text = new JTextField(10);
    add(text);
    button = new JButton("确定");
    add(button);
    cb1 = new JCheckBox("音乐");
    cb2 = new JCheckBox("运动");
    cb3 = new JCheckBox("技术");
    add(cb1);
    add(cb2);
    add(cb3);
    bgroup = new ButtonGroup();
    radio1 = new JRadioButton("男");
```

```
        radio2 = new JRadioButton("女");
        bgroup.add(radio1);
        bgroup.add(radio2);
        add(radio1);
        add(radio2);
        comBox = new JComboBox<String>();
        comBox.addItem("音乐");
        comBox.addItem("运动");
        comBox.addItem("技术");
        add(comBox);
        area = new JTextArea(6,12);
        add(new JScrollPane(area));
        setVisible(true);
        validate();
    }
}
```

9.3 布局

布局管理器用于把各种 Swing 组件（JComponent）添加到面板容器（JPanel）中，需要为面板容器指定布局管理器（LayoutManager），明确容器（Container）内各个组件之间的排列布局方式。常用的布局管理器如下。

- BorderLayout：边界布局，把 Container 按方位分为 5 个区域（东、西、南、北、中），每个区域放置一个组件，它是 JFrame 和 JDialog 的默认布局。
- FlowLayout：流式布局，按组件加入的顺序水平排列，排满一行再排下一行，是 JPanel 默认的布局管理器。
- GridLayout：网格布局，把 Container 按指定行列数分隔出若干网格，每一个网格按顺序放置一个组件。
- GridBagLayout：网格袋布局，按网格划分为 Container，每个组件可以占用一个或多个网格，可以将组件垂直、水平或沿基线对齐。
- BoxLayout：箱式布局，将 Container 中的多个组件按水平或垂直的方向排列。
- GroupLayout：分组布局，将组件按层次分组（串行或并行），分别确定组件在水平和垂直方向上的位置。
- CardLayout：卡片布局，将 Container 中的每个组件看作一张卡片，一次只能显示一张卡片，默认显示第一张卡片。

➢ null：绝对布局，通过组件在 Container 中的坐标来放置组件。

【例 9.4】BorderLayout 使用示例

```
package c09;
import javax.swing.*;
import java.awt.*;
public class Example9_04 {
   public static void main(String args[]){
      JFrame win=new JFrame("窗体");
      win.setBounds(100,120,300,280);
      win.setVisible(true);
      JButton bSouth=new JButton("南"),
            bNorth=new JButton("北"),
            bEast =new JButton("东"),
            bWest =new JButton("西");
      JTextArea bCenter=new JTextArea("中心");
      win.add(bNorth,BorderLayout.NORTH);
      win.add(bSouth,BorderLayout.SOUTH);
      win.add(bEast,BorderLayout.EAST);
      win.add(bWest,BorderLayout.WEST);
      win.add(bCenter,BorderLayout.CENTER);
      win.validate();
   }
}
```

【例 9.5】布局和基本组件使用示例

```
package c09;
import java.awt.*;
import javax.swing.*;
public class Example9_05 extends JFrame {
  private static final int DEFAULT_PORT = 8899;
  //把主窗口分为 NORTH、CENTER 和 SOUTH 三部分
  private JLabel stateLB;
  private JTextArea centerTextArea;
  private JPanel southPanel;
  private JTextArea inputTextArea;
  private JPanel bottomPanel;
  private JTextField ipTextField;          //IP 输入框
```

```
private JTextField remotePortTF;
private JButton sendBT;
private JButton clearBT;                        //清除聊天记录按钮

public Example9_05(){
   setTitle("GUI 聊天");
   setDefaultCloseOperation(JFrame.EXIT_ON_CLOSE);
   setSize(400, 400);
   setResizable(false);
   setLocationRelativeTo(null);               //窗口居中
   //窗口的 NORTH 部分
   stateLB = new JLabel("当前还未启动监听");
   stateLB.setHorizontalAlignment(JLabel.RIGHT);
   //窗口的 CENTER 部分
   centerTextArea = new JTextArea();      //聊天记录显示区域
   centerTextArea.setEditable(false);
   centerTextArea.setBackground(new Color(211, 211, 211));
   //窗口的 SOUTH 部分
   southPanel = new JPanel(new BorderLayout());
   inputTextArea = new JTextArea(5, 20); //内容输入区域
   bottomPanel = new JPanel(new FlowLayout(FlowLayout.CENTER, 5, 5));
   ipTextField = new JTextField("127.0.0.1", 8);
   remotePortTF = new JTextField(String.valueOf(DEFAULT_PORT), 3);
   sendBT = new JButton("发送");
   clearBT = new JButton("清屏");
   bottomPanel.add(ipTextField);
   bottomPanel.add(remotePortTF);
   bottomPanel.add(sendBT);
   bottomPanel.add(clearBT);
   southPanel.add(new JScrollPane(inputTextArea),
                              BorderLayout.CENTER);
   southPanel.add(bottomPanel, BorderLayout.SOUTH);
   //添加 NORTH、CENTER、SOUTH 部分的组件
   add(stateLB, BorderLayout.NORTH);
   add(new JScrollPane(centerTextArea), BorderLayout.CENTER);
   add(southPanel, BorderLayout.SOUTH);
   setVisible(true);
```

```
    }

    public static void main(String[] args) {
        new Example9_05();
    }
}
```

9.4　事件处理

Java 语言的事件处理方法是基于授权事件模型的，事件源生成事件并将其发送到一个或多个监听器中，监听器等待，直到收到一个事件。一旦事件被接收，监听器就会处理这些事件，并在处理完成后返回。事件处理模型如图 9.1 所示。

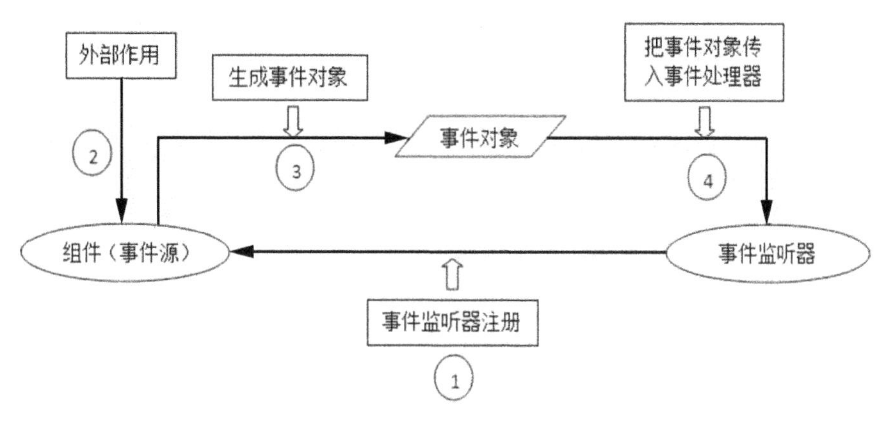

图 9.1　事件处理模型

事件源、事件和监听器是 Java 事件处理模型的三要素。其中，事件用于描述发生了什么；事件源是指事件的产生器；事件监听器用于接收事件，并提供处理事件的方法。

【例 9.6】事件处理示例

```
package c09;
import java.awt.*;
import javax.swing.*;
import java.awt.event.*;
public class Example9_06{
    public static void main(String args[]){
        new EventDemo1(); //采用内部类方式，作为外部类亦可
        new EventDemo2(); //采用匿名内部类方式
        new EventDemo3(); //采用 Lambda 表达式
    }
```

```
}
class EventDemo1 extends JFrame{
  JTextField text;
  ListenerDemo listener;
  EventDemo1(){
     setLayout(new FlowLayout());
     text=new JTextField(10);
     listener =new ListenerDemo();
     add(text);
     text.addActionListener(listener);
                                   //text 是事件源，police 是监视器
     setBounds(100,100,150,150);
     setVisible(true);
     validate();
     setDefaultCloseOperation(JFrame.DISPOSE_ON_CLOSE);
  }
                                   //放在外部亦可
  class ListenerDemo implements ActionListener {
     public void actionPerformed(ActionEvent e){
        String str=e.getActionCommand();
        System.out.println(str);
        System.out.println(str.length());
     }
  }
}
class EventDemo2 extends JFrame{
  JTextField text;
  EventDemo2(){
     setLayout(new FlowLayout());
     text=new JTextField(10);
     add(text);
     text.addActionListener(new ActionListener(){
        public void actionPerformed(ActionEvent e){
           String str=e.getActionCommand();
           System.out.println(str);
           System.out.println(str.length());
        }
```

```
        });
        setBounds(400,400,150,150);
        setVisible(true);
        validate();
        setDefaultCloseOperation(JFrame.DISPOSE_ON_CLOSE);
    }
}
class EventDemo3 extends JFrame{
    JTextField text;
    EventDemo3(){
        setLayout(new FlowLayout());
        text=new JTextField(10);
        add(text);
        text.addActionListener((e) -> {
                    String str = e.getActionCommand();
                    System.out.println(str);
                    System.out.println(str.length());
                }
        );
        setBounds(600,600,150,150);
        setVisible(true);
        validate();
        setDefaultCloseOperation(JFrame.DISPOSE_ON_CLOSE);
    }
}
```

9.5 事件类型与监听器类型

AWT 组件将事件分为底层事件和语义事件。语义事件是表示用户动作的事件，如单击按钮。ActionEvent 是一种语义事件。底层事件是形成事件的事件。例如，在单击按钮时，包含了按下鼠标、连续移动鼠标、抬起鼠标（只有鼠标在按钮区中抬起才引发）事件；在用户利用 TAB 键选择按钮，并利用空格键激活它时，发生的敲击键盘事件；同样，调节滚动条也是一种语义事件，但拖动鼠标是底层事件。常用事件类型和对应的事件源如表 9.1 所示。

表 9.1　常用事件类型及其对应的事件源

事件类	事件源	说明
ActionEvent	JButton、JList、JMenuItem、JTextField	通常在按下按钮，双击列表项或选中一个菜单项时，会生成此事件
TextEvent	JTextField JTextArea	在文本区或文本域的文本改变时会生成此事件
ItemEvent	JCheckbox JCheckBoxMenuItem JChoice、JList	在勾选复选框、选择列表项，以及选择或取消一个选择框或可选菜单项时，会生成此事件
FocusEvent	Component	在组件获得或失去键盘焦点时会生成此事件

监听器可以通过实现 java.awt.event 包中定义的一个或多个接口来创建。在生成事件时，事件源将调用监听器定义的相应方法。所有接收事件的监听器类都必须实现监听器接口。常用监听器接口如表 9.2 所示。

表 9.2　常用监听器接口

事件监听器	方法
ActionListener	actionPerformed
ItemListener	itemStateChanged
FocusListener	focusLost、focusGained
MouseListener	mouseClicked、mouseEntered、mouseExited mousePressed、mouseReleased
TextListener	textChanged
AdjustmentListener	adjustmentValueChanged
WindowListener	windowActivated、windowDeactivated windowClosed、windowClosing windowIconified、windowDeiconified、windowOpened

为了使事件处理变得简单，Java 语言为具有多个方法的监听器接口提供了适配器类。适配器类实现并提供了事件监听器接口中的所有方法，但这些方法都是空方法。常用适配器类及其对应的事件监听器接口如表 9.3 所示。

表 9.3　常用适配器类及其对应的事件监听器接口

适配器类	事件监听器接口
ComponentAdapter	ComponentListener
ContainerAdapter	ContainerListener
FocusAdapter	FocusListener
KeyAdapter	KeyListener
MouseAdapter	MouseListener
MouseMotionAdapter	MouseMotionListener
WindowAdapter	WindowListener

【例 9.7】Adapter 使用示例

```
package c09;
import java.awt.event.*;
import javax.swing.*;
public class Example9_07 {
  public static void main(String args[]) {
       new AdapterDemo("窗口");
  }
}
class AdapterDemo extends JFrame {
   MyListener police;
   AdapterDemo(String s) {
      super(s);
      police = new MyListener();
      setBounds(100,100,200,300);
      setVisible(true);
      addWindowListener(police);
      validate();
   }
}
class MyListener extends WindowAdapter {
   public void windowClosing(WindowEvent e) {
      System.out.println("窗口关闭中！");
      System.exit(0);
   }
}
```

9.6　JTable

表格是 GUI 程序设计中最常用也是最复杂的组件，Swing 组件提供了 JTable 及相关类来创建和使用表格。

9.6.1　表格创建

创建表格的步骤如下。

（1）调用无参构造函数。

```
JTable table = new JTable();
```

（2）用表头和表数据创建表格。

```
Object[][] tableInfo = {
            {"小明", 66, 88, 99, false},
            {"小呆", 83, 77, 66, true},
};
String[] names = {"姓名", "语文", "数学", "总分", "及格"};
JTable table = new JTable(tableInfo, names);
```

（3）用模型创建表格。

```
 String[] names = {"姓名", "语文", "数学"};
 Object[][] tableInfo = {
          {"小明", 66, 88},
          {"小呆", 83, 77},
};
model = new DefaultTableModel(tableInfo, names);//设置模型
table = new JTable(model);
//引用模型，也可以写为“table.setModel(model);”
```

9.6.2 表格列控制

控制表格列的步骤如下。

（1）设置列不能随容器组件大小变化而自动调整宽度。

```
table.setAutoResizeMode(JTable.AUTO_RESIZE_OFF);
```

（2）限制某列的宽度。

```
TableColumn firsetColumn = table.getColumnModel().getColumn(0);
firsetColumn.setPreferredWidth(30);
firsetColumn.setMaxWidth(30);
firsetColumn.setMinWidth(30);
```

（3）设置当前列数。

```
DefaultTableModel tableModel = (DefaultTableModel) table.getModel();
int count=5;
tableModel.setColumnCount(count);
```

（4）获取表格列数。

```
int cols = table.getColumnCount();
```

（5）添加列。

```
DefaultTableModel tableModel = (DefaultTableModel) table.getModel();
tableModel.addColumn("新列名");
```

（6）删除列。

```
table.removeColumn(table.getColumnModel().getColumn(columnIndex));
// columnIndex 是要删除的列的序号
```

9.6.3　表格行控制

控制表格行的步骤如下。

（1）设置行高。

```
table.setRowHeight(20);
```

（2）设置当前行数。

```
DefaultTableModel tableModel = (DefaultTableModel) table.getModel();
tableModel.setRowCount(2);
```

（3）获取表格行数。

```
int rows = table.getRowCount();
```

（4）添加表格行。

```
DefaultTableModel tableModel = (DefaultTableModel) table.getModel();
tableModel.addRow(new Object[]{"小菜", 88, 77});
```

（5）删除表格行。

```
DefaultTableModel tableModel = (DefaultTableModel) table.getModel();
model.removeRow(rowIndex);// rowIndex 是要删除的行序号
```

9.6.4　单元格数据存取

存取单元格数据的步骤如下。

（1）获取单元格数据。

```
DefaultTableModel tableModel = (DefaultTableModel) table.getModel();
String cellValue=(String) tableModel.getValueAt(row, column);
```

（2）填充数据到表格中。

```
DefaultTableModel tableModel = (DefaultTableModel) table.getModel();
tableModel.setRowCount(0);                  //清除原有行
tableModel.addRow(data);
```

（3）获取表格中的数据。

```
String)tableModel.getValueAt(i, 0));    //获取第 i 行第一列的数据
```

9.6.5 用户所选行的获取

获取用户所选行的操作如下。

（1）获取用户所选的单行。

```
int selectRows=table.getSelectedRows().length;
DefaultTableModel tableModel = (DefaultTableModel) table.getModel();
if(selectRows==1){
    int selectedRowIndex = table.getSelectedRow(); //获取用户所选的单行数据
}
```

（2）获取用户所选的多行。

```
int selectRows=table.getSelectedRows().length;      //获取用户所选行的行数
DefaultTableModel tableModel = (DefaultTableModel) table.getModel();
if(selectRows>1){
    int[] selRowIndexs=table.getSelectedRows();      //获取用户所选行的序列
    for(int i=0;i<selRowIndexs.length;i++){
    // 用 tableModel.getValueAt(row, column)获取单元格数据
    String cellValue=(String) tableModel.getValueAt(i, 1);
}
```

【例 9.8】 JTable 使用示例

```
package c09;
import javax.swing.*;
import javax.swing.table.DefaultTableModel;
import java.awt.*;
import java.awt.event.ActionEvent;
import java.awt.event.ActionListener;

public class Example9_08 extends JFrame {
```

```
private final DefaultTableModel model;
private final JTable table;
private JButton addButton, delButton, updateButton;
private JTextField aTextField, bTextField, cTextField;

public Example9_08() {
    setTitle("表格模型");
    setBounds(100, 100, 500, 200);
    setDefaultCloseOperation(WindowConstants.EXIT_ON_CLOSE);

    Object[][] tableInfo = {{"小明", 66, 88}, {"小亮", 83, 77}};
    String[] name = {"姓名", "语文", "数学"};
    model = new DefaultTableModel(tableInfo, name);//设置模型

    table = new JTable(model);
    JScrollPane sc = new JScrollPane(table);
    getContentPane().add(sc, BorderLayout.CENTER);
    init();                                 //调用按钮，按钮初始化
    addMyListener();                        //组件的监听事件
}

public static void main(String[] args) {
    Example9_08 frame = new Example9_08();
    frame.setVisible(true);
}

private void init() {
    final JPanel panel = new JPanel();   //内部默认流布局
    getContentPane().add(panel, BorderLayout.SOUTH);
    panel.add(new JLabel("姓名:"));
    aTextField = new JTextField(5);      //文本框宽度
    panel.add(aTextField);
    panel.add(new Label("语文:"));
    bTextField = new JTextField(5);
    panel.add(bTextField);
    panel.add(new Label("数学:"));
    cTextField = new JTextField(5);
```

```
        panel.add(cTextField);
        addButton = new JButton("增加");
        delButton = new JButton("删除");
        updateButton = new JButton("修改");
        panel.add(addButton);
        panel.add(delButton);
        panel.add(updateButton);
    }

    private void addMyListener() {
        addButton.addActionListener(new ActionListener() {
            public void actionPerformed(ActionEvent e) {
                String[] rowData = {aTextField.getText(),
                        bTextField.getText(), cTextField.getText()};
                model.addRow(rowData);//在表格模型中增加一行内容
                int rowCount = table.getRowCount() + 1;//当前行数+1
                aTextField.setText("");
                bTextField.setText("");
                cTextField.setText("");
            }
        });
        updateButton.addActionListener(new ActionListener() {
            public void actionPerformed(ActionEvent e) {
                int selectedRow = table.getSelectedRow();//获取所选行中的索引
                if (selectedRow != -1) {//存在被选中行，修改各列的值
                 model.setValueAt(aTextField.getText(), selectedRow, 0);
                 model.setValueAt(bTextField.getText(), selectedRow, 1);
                 model.setValueAt(cTextField.getText(), selectedRow, 2);
                }
            }
        });
        delButton.addActionListener(new ActionListener() {
            public void actionPerformed(ActionEvent e) {
                int selectedRow = table.getSelectedRow();
                if (selectedRow != -1) {
                    model.removeRow(selectedRow);
                }
```

```
            }
        });
    }
}
```

9.7　小结

1．Swing 是一个用于开发 Java GUI 应用程序的开发工具包，由纯 Java 语言实现，不依赖操作系统。用户可以利用 Swing 丰富、灵活的功能和模块化组件来创建优雅的 GUI 应用程序。

2．组件按照不同的功能，可分为顶层容器、中间容器、基本组件。容器本身也是一个组件，可以把一个容器添加到另一个容器中实现容器的嵌套。

3．布局管理器提供了一种更灵活、更便捷的方式来创建和管理窗口组件。它能够适应不同的应用程序需求，提高应用程序的可移植性和可扩展性，并减少开发时间和代码量。

本章练习

1．简述 Java 语言的委托事件模型中事件、事件源和事件处理者三者之间的关系。

2．利用 Swing 组件编写一个简易通讯录应用程序。

第 10 章

Java 网络编程

学习目的和要求

网络应用是 Java 语言最重要的应用领域之一。Java 语言的网络功能非常强大，是 Internet 上最流行的编程语言之一，其网络类库不仅可以用于开发、访问 Internet 应用层程序，而且可以实现网络底层的通信。通过对本章的学习，理解 Socket 通信机制，掌握基于连接的 Socket 通信应用程序的编写。

主要内容

- 网络基础简介
- InetAddress 类和 URL 类
- 基于连接的 Socket 通信程序设计
- UDP 通信程序设计

10.1 网络基础简介

10.1.1 TCP/IP 协议

网络通信协议是计算机间进行通信所遵守的各种规则的集合。TCP/IP 网络模型包括 4 个层次：数据链路层、网络层、传输层、应用层，每一层具有不同的功能。

1. 数据链路层

数据链路层通常包括操作系统中的设备驱动程序和计算机中对应的网络接口，用于处理与电缆有关的物理接口细节。该层与使用 Java 语言编程无关。

2. 网络层

网络层用于对 TCP/IP 网络中的硬件资源进行标识。连接到 TCP/IP 网络中的每台计算机（或其他设备）都有唯一的地址，这就是 IP 地址。IP 地址实质上是一个 32 位的整数，通常以“%d.%d.%d.%d”的形式表示，每个 d 都是一个 8 位的整数。

3. 传输层

在 TCP/IP 网络中，不同的计算机（或其他设备）在进行通信时，数据的传输是由传输层控制的，包括数据要发往的目的主机及应用程序、数据的质量控制等。TCP（传输控制协议）和 UDP（用户数据报协议）是传输层中最常用的两个传输协议。

一台计算机只能通过一条链路连接到网络上，但一台计算机中往往有很多应用程序需要进行网络通信，应该如何区分呢？这就要靠网络端口号（Port）了。端口号是用于标记计算机逻辑通信信道的正整数，用一个 16 位的整数来表示，其范围为 0～65535，其中 0～1023 为系统所保留，专门给那些通用的服务使用，如 HTTP 服务的端口号为 80，Telnet 服务的端口号为 21，FTP 服务的端口号为 23。当编写通信程序时，应该选择一个大于 1023 的整数作为端口号，以免发生冲突。所谓的 Socket 是由 IP 地址和端口号组成的，它是网络上运行的程序的双向通信链路的终点，是 TCP 和 UDP 的基础。

TCP 是通过在端点与端点之间建立持续的连接而进行通信的。在建立连接后，发送端对要发送的数据进行序列号标记和错误代码检测，并以字节流的方式发送出去；接收端则对数据进行错误检查并按顺序将数据整理好，在需要时可以要求发送端重新发送数据，从而使整个字节流完好无损地到达接收端，这与两个人打电话的情形类似。TCP 具有可靠性和有序性等特性，能够以字节流的方式发送数据，通常被称为流通信协议。

UDP 是一种无连接的传输协议。在利用 UDP 进行数据传输时，首先将要传输的数据定义成数据报（Datagram），在数据报中指明数据要到达的 Socket（主机地址和端口号），然后将数据报发送出去。这种传输方式是无序的，不能确保绝对的安全可靠，但它非常简单，效率也比较高，这与通过邮局投递信件进行通信的情形非常相似。

TCP 和 UDP 各有各的用处。当对所传输的数据有时序性和可靠性等要求时，应该使用 TCP；当传输的数据比较简单并且对时序等无要求时，UDP 能发挥更好的作用。

4. 应用层

应用层是 TCP/IP 协议的最高层，它为用户提供了网络服务和应用程序接口，负责处理用户与应用程序之间的交互。应用层包含了许多常见的协议，如 HTTP、FTP、SMTP、POP3、Telnet 等，这些协议定义了数据传输的格式和规则，使不同的应用能够在网络上进行通信。

10.1.2　URL

URL 是统一资源定位器（Uniform Resource Locator）的英文缩写，表示 Internet 上某个

资源的地址。Internet 上的资源包括 HTML 文件、图像文件、音频文件、视频文件及其他内容（并不全是文件，也可以是对数据库的一个查询等）。只要按 URL 规则定义某个资源，那么网络上的其他程序就可以通过 URL 来访问它。

一个完整的 URL 包含传输协议、主机名、端口号、目录、锚文件、参数，示例如下。

```
https://www.myweb.com/article/7235287503711093307/?log_from=b6086d8cf37f5_16
84634816416
```

示例说明如下。

（1）传输协议：所使用的协议，如 HTTP、FTP、HTTPS 等。

（2）主机名：资源所在的计算机，既可以是 IP 地址，也可以是计算机的名称或域名。

（3）端口号：一个计算机中可能有多种服务，如 Web 服务、FTP 服务或用户自己建立的服务等。为了区分这些服务，就需要使用端口号，一种服务用一个端口号。

（4）目录：域名下网页存放的目录，根据 URL 中是否存在“?”区分网页是静态还是动态的，问号后面一般是用户搜索的内容。

（5）锚文件：“#”之后的部分，一般用于网页较长，或者网页中有多级目录的情况，在单击目录之后就会跳转到网页中相应的位置。

（6）参数：“？”到“#”之间的部分。

当然，对于一个 URL，并不要求它必须包含以上所有的内容。

10.1.3 Java 语言的网络编程

Java 语言的网络编程分为 3 个层级。最高一级的网络通信是从网络上下载小程序。客户端浏览器通过 HTML 文件中的<applet>标记来识别小程序，解析小程序的属性，并获取小程序的字节码文件。本节不做详细介绍。

次一级的通信是指通过 URL 类的对象指明文件所在位置，先从网络上下载图像、音频和视频文件等，然后显示图像、对音频和视频进行播放。

最低一级的通信是指利用 java.net 包中提供的类直接在程序中实现网络通信。

针对不同层级的网络通信，Java 语言提供的网络功能有 4 类：URL、InetAddress、Socket 和 Datagram。

（1）URL：面向应用层，通过 URL，Java 程序可以直接输出或读取网络上的数据。

（2）InetAddress：封装 IP 地址，用于标识网络上的硬件资源。

（3）Socket 和 Datagram：面向传输层。Socket 使用 TCP，这是网络上运行的程序最常用的方式，可以想象为两个不同的程序通过网络的通信信道进行通信；Datagram 使用 UDP，它把数据的目的地址记录在数据包中，并直接放在网络上。

在使用 java.net 包中的这些类时，可能产生的异常包括 BindException、ConnectException、

MalformedURLException、SocketException、Unknown-HostException 等。

10.2 InetAddress 类和 URL 类

10.2.1 InetAddress 类

InetAddress 类可以用于标识网络上的硬件资源，提供一系列方法以描述、获取并使用网络资源。InetAddress 类中没有构造函数，它提供的静态方法如下所示。

public static InetAddress getByName(String host) ：host 可以是一个机器名，也可以是一个“%d.%d.%d.%d”形式的 IP 地址或 DSN 域名，示例如下。

```
public static InetAddress   getLocalHost()
public static InetAddress[]  getAllByName(String host)
```

以下是 InetAddress 类中的主要方法。

（1）public byte[] getAddress()：获取本对象的 IP 地址（存放在字节数组中）。

（2）public String getHostAddress()：获取本对象的 IP 地址“%d.%d.%d.%d”。

（3）public String getHostName()：获取本对象的机器名。

10.2.2 URL 类

由 URL 类生成的对象指向 WWW 资源（如 Web 网页、图形图像、音频、视频文件等），提供了很多构造方法来生成一个 URL 对象。

```
public URL(String spec)
public URL(URL context, String spec)
public URL(String protocol, String host, String file)
public URL(String protocol, String host, int port, String file)
```

以下是一些具体的构造示例。

```
URL url1 = new URL("http://jwc.zust.edu.cn/index.html");
URL base = new URL("http://www.zust.edu.cn");
URL url2 = new URL(base, "index.html");
URL url3 = new URL(base, "aa.html");
URL url4 = new URL("http", "itee.zust.edu.cn","/se/test.html");
URL url5 = new URL("http", "www.abc.com", 8080, "/java/index.html");
```

一个 URL 对象在生成后，其属性是不能被改变的，但可以通过它给定的方法来获取这些属性。

（1）public String getProtocol()：获取该 URL 的协议名。

（2）public String getHost()：获取该 URL 的主机名。

（3）public String getPort()：获取该 URL 的端口号。

（4）public String getPath()：获取该 URL 的文件路径。

（5）public String getFile()：获取该 URL 的文件名。

（6）public String getRef()：获取该 URL 在文件中的相对位置。

（7）public String getQuery()：获取该 URL 的查询名。

【例 10.1】 通过 URL 直接读取网络服务器中的文件内容

```
package c10;
import java.net.*;
import java.io.*;
public class URLReader {
    public static void main(String args[]) throws Exception {
        URL url = new URL("https://www.zust.edu.cn/");
        BufferedReader in = new BufferedReader(
                new InputStreamReader(url.openStream(),"UTF-8"));
        String line;
        while ((line = in.readLine()) != null) {
            System.out.println(line);
        }
        in.close();
    }
}
```

10.3 基于连接的 Socket 通信程序设计

Socket 通信属于网络底层通信，是网络上运行的两个程序间双向通信的一端，既可以接收请求，也可以发送请求，利用它可以较方便地进行网络上的数据传输。Socket 通信是客户/服务器（Client/Server，C/S）模式的通信方式，首先需要建立稳定的连接，然后以流的方式传输数据，从而实现网络通信。Socket 本义为“插座”，在通信领域中被译为“套接字”或“网络连线”，意思是将两个物品套在一起，在网络通信领域中的含义是建立一个连接。

10.3.1 Socket 通信机制的基本概念

1. 建立连接

当两台计算机进行通信时，首先要在两者之间建立一个连接，即两者分别运行不同的程序，由一端（请求方）发出连接请求，另一端（接收方）等候连接请求。在接收方接收请求之后，两个程序就建立起了一个连接，之后通过这个连接就可以进行数据交换了。此时，请求方被称为客户端，接收方被称为服务器，这是计算机通信的一个基本机制，属于客户/服务器模式。实际上，这个机制和电话系统是类似的，即必须有一方拨打电话，而另一方等候铃响并决定是否接听，在接听后就可以进行电话交流了。呼叫的一方被称为客户，负责接听的一方被称为服务器，程序在这两端的 TCP Socket 分别被称为客户 Socket 和服务器 Socket。

2. 连接地址

为了建立连接，需要由一台计算机上的程序向另一台计算机上的程序发出请求，其中，能够唯一识别对方的就是计算机的名称或 IP 地址。在 Internet 中，能够唯一标识计算机的 IP 地址被称为连接地址，IP 地址类似于电话系统中的电话号码。

只有连接地址是不够的，还必须有端口号。因为一台计算机上可能会运行很多程序，所以必须为每个程序分配一个唯一的端口号，通过端口号指定要连接的那个程序。一个完整的连接地址应该是计算机的 IP 地址加上连接程序的端口号。

在两个程序进行连接之前要约定好端口号。由服务器端分配端口号并等候请求，客户端利用这个端口号发出连接请求，当两个程序所设定的端口号一致时表示连接建立成功。

3. TCP/IP Socket 通信

Socket 在 TCP/IP 协议中定义，针对一个特定的连接。每台计算机上都有一个套接字，可以想象它们之间有一条虚拟的线缆，线缆的每一端都插入到一个套接字或插座里。在 Java 语言中，服务器端套接字使用的是 ServerSocket 类的对象，客户端套接字使用的是 Socket 类的对象，由此区分服务器端和客户端。

10.3.2 Socket 通信模式

在 Java 语言中，基于 TCP 实现网络通信的类有两个：在客户端的 Socket 类和在服务器端的 ServerSocket 类。在服务器端通过指定一个等待连接的端口号来创建 ServerSocket 实例。在客户端通过指定一个主机和端口号来创建 Socket 实例，并将其连接到服务器上。ServerSocket 类的 accept()方法会使服务器处于阻塞状态，等待用户请求。

无论 Socket 通信程序的功能多么齐全、设计多么复杂，其基本结构都是一样的，都包括以下 4 个基本步骤。

（1）在客户端和服务器端创建 Socket 和 ServerSocket 实例。

客户端的代码如下。

```
Socket  client = new Socket(host, 4444);
```

服务器端的代码如下。

```
ServerSocket  server = new ServerSocket(4444);
Socket socket = null;
socket = server.accept();  //等待客户端的连接请求
```

（2）打开连接到 Socket 的输入输出数据流。

```
BufferedReader = new BufferedReader(new
                     InputStreamReader( socket.getInputStream() ) );
PrintWriter = new PrintWriter (new
                     InputStreamWriter( socket.getOutputStream() ) );
```

（3）利用输入输出数据流，按照协议对 Socket 进行读写操作。

（4）关闭输入输出数据流和 Socket。先关闭所有相关的输入输出数据流，再关闭 Socket。

通常，程序员的主要工作是针对要完成的功能在第 3 步进行编程，第 1、2、4 步对所有的通信程序来说几乎是一样的。Socket 通信模式如图 10.1 所示。

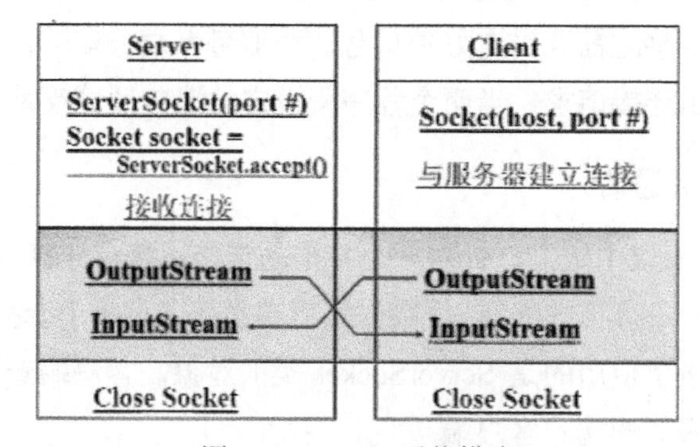

图 10.1　Socket 通信模式

由图 10.1 可以看出，Socket 通信可以分为服务器端和客户端，其中服务器端和客户端编程的步骤如下。

（1）在服务器端创建一个 ServerSocket 对象，并指定端口号。

（2）运行 ServerSocket 对象的 accept()方法，等候客户端的连接请求。

（3）在客户端创建一个 Socket 对象，指定服务器的 IP 地址和端口号，向服务器端发出连接请求。

（4）在服务器端接收到客户端的连接请求后，建立 Socket 对象与客户端的连接。

（5）在服务器端和客户端分别建立输入输出数据流，进行数据传输。

（6）在通信结束后，在服务器端和客户端分别关闭相应的 Socket 连接。

（7）在服务器端程序运行结束后，调用 ServerSocket 对象的 close()方法，停止等候客户端的连接请求。

【例 10.2】服务器端和客户端简单通信示例

```
//Example10_02_Server.java
package c10;
import java.io.*;
import java.net.*;
public class Example10_02_Server {
   public static void main(String[] args) throws Exception {
      ServerSocket ss = new ServerSocket(8899);
      Socket s = ss.accept();
      System.out.println("连接成功!");
      PrintWriter toClient = new PrintWriter(
            s.getOutputStream(), true);
      BufferedReader fromClient = new BufferedReader(
            new InputStreamReader(s.getInputStream()));
      BufferedReader sin = new BufferedReader(
            new InputStreamReader(System.in));
      String sfc = null;
      String stc = null;
      while (true) {
         sfc = fromClient.readLine();
         System.out.print("Client: ");
         System.out.println(sfc);
         System.out.print("Server: ");
         stc = sin.readLine();
         toClient.println(stc);
      }
   }
}

 //Example10_02_Client.java
 package c10;
import java.io.*;
import java.net.*;
public class Example10_02_Client {
```

```
    public static void main(String[] args) throws IOException {
        Socket client = new Socket("127.0.0.1", 8899);
        PrintWriter toServer =
                new PrintWriter(client.getOutputStream(), true);
        BufferedReader fromServer =
                new BufferedReader(
                        new InputStreamReader(client.getInputStream()));
        BufferedReader sin =
                new BufferedReader(
                        new InputStreamReader(System.in));
        String sfs, sts;
        System.out.print("Client: ");
        sts = sin.readLine();
        while (true) {
            toServer.println(sts);
            System.out.print("Server: ");
            sfs = fromServer.readLine();
            System.out.println(sfs);
            System.out.print("Client: ");
            sts = sin.readLine();
        }
    }
}
```

由此可以看出，对一个通信程序来说，需要编写服务器端和客户端两个程序才能实现相互通信。为了实现服务器端同时对多个客户进行服务，需要用到多线程，在服务器端创建客户请求的监听线程，一旦客户发起连接请求，就在服务器端创建用于服务的 Socket 对象，并利用该 Socket 对象完成与客户的通信，即一个线程针对一个客户进行服务。在数据传输结束后，终止运行该 Socket 通信的线程，继续在服务器端指定的端口中进行监听。

10.3.3 多用户 Socket 通信

服务器可以写成多线程的，使不同的处理线程为不同的客户服务。主线程负责循环等待，处理线程负责网络连接以及接收客户输入的信息。

【例 10.3】支持多用户连接服务器端示例

```
package c10;
import java.io.*;
```

```
import java.net.*;
import java.net.Socket;
import java.util.*;
import java.util.concurrent.*;

public class Example10_03_Server {
    private ServerSocket serverSocket;
    private final List<ClientHandler> clients = new ArrayList<>();
    private ThreadPoolExecutor threadPoolExecutor;

    public static void main(String[] args) throws IOException {
        Example10_03_Server server = new Example10_03_Server();
        server.start(5000);
    }

    public void start(int port) throws IOException {
        threadPoolExecutor = new ThreadPoolExecutor(
                10,                                     // 核心线程数
                20,                                     // 最大线程数
                60,                                     // 空闲线程存活时间
                TimeUnit.SECONDS,                       // 时间单位
                new ArrayBlockingQueue<>(10),           // 任务队列
                Executors.defaultThreadFactory(),       // 创建线程工厂
                new ThreadPoolExecutor.AbortPolicy()
        );
        serverSocket = new ServerSocket(port);
        System.out.println("Server started on port " + port);

        while (true) {
            Socket clientSocket = serverSocket.accept();
            System.out.println("New client connected: " + clientSocket);

            ClientHandler clientHandler = new ClientHandler(clientSocket);
            clients.add(clientHandler);
            threadPoolExecutor.execute(clientHandler);
        }
    }
```

```
private void broadcast(String message, ClientHandler excludeClient)
                                    throws IOException {
    for (ClientHandler client : clients) {
        client.sendMessage(message);
    }
}

private class ClientHandler extends Thread {
    private final Socket clientSocket;
    private BufferedReader in;
    private PrintWriter out;

    public ClientHandler(Socket socket) {
        this.clientSocket = socket;
    }

    public void sendMessage(String message) {
        out.println(message);
    }

    public void run() {
        try {
            in = new BufferedReader(
              new InputStreamReader(clientSocket.getInputStream()));
            out = new PrintWriter(
                    clientSocket.getOutputStream(), true);
            String username = in.readLine();
            System.out.println("New User Connected: " + username);
            broadcast( "Welcome " + username + " In!", this);
            String inputLine;
            while ((inputLine = in.readLine()) != null) {
                System.out.println(username + ": " + inputLine);
                broadcast(username + ": " + inputLine, this);
            }
            System.out.println("User Disconnected: " + username);
            clients.remove(this);
```

```
                broadcast(username + " exit", this);
                in.close();
                out.close();
                clientSocket.close();
            } catch (IOException e) {
                System.out.println("Error handling client: " + e);
            }
        }
    }
}
```

【例 10.4】支持多用户连接客户端示例

```
package c10;
import javax.swing.*;
import java.awt.*;
import java.awt.event.*;
import java.io.*;
import java.net.Socket;
public class Example10_03_Client extends JFrame {
  private JTextField messageField;
  private JTextArea chatArea;
  private Client client;

  public Example10_03_Client() {
      JFrame loginFrame = new JFrame("Login");
      loginFrame.setDefaultCloseOperation(JFrame.EXIT_ON_CLOSE);
      loginFrame.setSize(250, 180);
      loginFrame.setLocationRelativeTo(null);

      JLabel nameLabel = new JLabel("Input You Name");
      JTextField nameField = new JTextField();
      nameField.setPreferredSize(new Dimension(200, 30));

      JPanel namePanel = new JPanel(new FlowLayout());
      namePanel.add(nameLabel);
      namePanel.add(nameField);
      loginFrame.add(namePanel,BorderLayout.CENTER);
```

```
        JButton loginButton = new JButton("Login");
        JPanel  loginPanel = new JPanel();
        loginPanel.add(loginButton);
        loginFrame.add(loginPanel,BorderLayout.SOUTH);

        loginButton.addActionListener(new ActionListener() {
            public void actionPerformed(ActionEvent e) {
                String name = nameField.getText();
                if (name.isEmpty()) {
                    JOptionPane.showMessageDialog(loginFrame,
                            "Please enter your name.", "Error",
                            JOptionPane.ERROR_MESSAGE);
                } else {
                    try {
                        client = new Client();
                        client.start("localhost", 5000, name);
                        loginFrame.setVisible(false);
                        initChatWindow();
                    } catch (IOException ex) {
                        JOptionPane.showMessageDialog(loginFrame,
                                "Error connecting to server.",
                                "Error", JOptionPane.ERROR_MESSAGE);
                    }
                }
            }
        });
        validate();
        loginFrame.setVisible(true);
    }

    private void initChatWindow() {
        JFrame chatFrame = new JFrame("Chat");
        // 修改默认的关闭方式，不响应
        chatFrame.setDefaultCloseOperation(JFrame.DO_NOTHING_ON_CLOSE);
        // 自己添加关闭事件
        chatFrame.addWindowListener(new WindowAdapter() {
            @Override
```

```
    public void windowClosing(WindowEvent e) {
        // 询问是否退出
        int option = JOptionPane.showConfirmDialog(chatFrame,
                "Are you sure to exit?", "Exit",
                JOptionPane.YES_NO_OPTION);
        if (option == JOptionPane.YES_OPTION) {
            // 退出
            client.sendMessage("exit");
            try {
                client.stop();
            } catch (IOException ex) {
                System.out.println("Error stopping client: " + ex);
            }
            System.exit(0);
        }
    }
});
chatFrame.setSize(600, 400);
chatFrame.setLocationRelativeTo(null);

chatArea = new JTextArea();
chatArea.setEditable(false);
chatArea.setFont(new Font("微软雅黑", 0, 15));
JScrollPane chatScrollPane = new JScrollPane(chatArea);

messageField = new JTextField();
JButton sendButton = new JButton("Send");

JPanel messagePanel = new JPanel(new BorderLayout());
messagePanel.add(messageField, BorderLayout.CENTER);
messagePanel.add(sendButton, BorderLayout.EAST);

sendButton.addActionListener(new ActionListener() {
    public void actionPerformed(ActionEvent e) {
        String message = messageField.getText();
        if (!message.isEmpty()) {
            client.sendMessage(message);
```

```
                messageField.setText("");
            }
        }
    });

    chatFrame.add(chatScrollPane, BorderLayout.CENTER);
    chatFrame.add(messagePanel, BorderLayout.SOUTH);
    chatFrame.setVisible(true);

    new Thread(() -> {
        try {
            String inputLine;
            while ((inputLine = client.readMessage()) != null) {
                String finalInputLine = inputLine;
                SwingUtilities.invokeLater(() -> {
                    appendMessage(finalInputLine);
                });
            }
        } catch (IOException e) {
            JOptionPane.showMessageDialog(chatFrame,
                    "Error reading from server.", "Error",
                    JOptionPane.ERROR_MESSAGE);
            chatFrame.dispose();
        }
    }).start();
}

public void appendMessage(String message) {
    chatArea.append(message + "\n");
}

public static void main(String[] args) {
    SwingUtilities.invokeLater(() -> new Example10_03_Client());
}

private class Client {
    private Socket socket;
```

```
    private BufferedReader in;
    private PrintWriter out;

    public void start(String host, int port, String name)
            throws IOException {
        try {
            socket = new Socket(host, port);
        } catch (IOException e) {
            System.out.println("Error connecting to server: " + e);
            throw new RuntimeException(e);
        }
        System.out.println("Connected to server on port " + port);

        in = new BufferedReader(
                new InputStreamReader(socket.getInputStream()));
        out = new PrintWriter(
                socket.getOutputStream(), true);
        out.println(name);
        System.out.println("Welcome,, " + name + "!");
    }
    public void sendMessage(String message) {
        out.println(message);
    }
    public String readMessage() throws IOException {
        return in.readLine();
    }
    public void stop() throws IOException {
        in.close();
        out.close();
        socket.close();
    }
  }
}
```

10.4　UDP 通信程序设计

UDP 是一种不可靠的网络协议，它会在通信的两端各建立一个 Socket 对象，但这两个

Socket 对象只能发送、接收数据。因此，对基于 UDP 的通信双方而言，没有所谓的客户端和服务器端的概念。Java 语言提供了 DatagramSocket 对象作为基于 UDP 的 Socket 对象。

UDP 发送数据的步骤如下。

（1）创建发送端的 Socket 对象（DatagramSocket）。

（2）创建数据并打包。

```
DatagramPacket(byte[] buf, int length, InetAddress address, int port)
//buf 是数据的字节数组，length 是字节数组的长度，address 是目标主机的 IP 地址，port 是目
//标主机的端口，该方法用来构造对象，将长度为 length 的包发送到指定主机上的指定端口号中
```

（3）调用 DatagramSocket 对象的方法发送数据。

```
send(DatagramPacket p) //使用套接字发送数据包
```

（4）关闭发送端。

【例 10.5】 UDP 发送端程序示例

```
package c10;
import java.io.*;
import java.net.*;
public class Example10_04_Send {
   public static void main(String[] args) throws IOException {
       //创建发送端的 Socket 对象(DatagramSocket)
       DatagramSocket ds = new DatagramSocket();
       byte[] bb ="发送的数据包数据".getBytes();
       int length = bb.length;
       InetAddress ia = InetAddress.getByName("127.0.0.1");
       int port = 8890;
       DatagramPacket dp=new DatagramPacket(bb,length,ia,port);
       ds.send(dp);
       ds.close();
   }
}
```

UDP 接收数据的步骤如下。

（1）创建接收端的 Socket 对象，绑定指定的端口号。

（2）创建一个数据包，用于接收数据，要注意数据包的长度。

（3）调用 DatagramSocket 对象的方法接收数据。

（4）解析数据包，并把数据在控制台显示。

（5）关闭接收端。

【例 10.6】 UDP 接收端程序示例

```
package c10;
import java.io.*;
import java.net.*;
public class Example10_04_Recive {
    public static void main(String[] args) throws IOException {
        DatagramSocket ds=new DatagramSocket(8890);
        byte[] bb = new byte[1024];  //bb 用于接收数据
        DatagramPacket dp=new DatagramPacket(bb, bb.length);
        ds.receive(dp);
        byte[] bs = dp.getData();    //byte[] getData() 返回数据缓冲区
        int len= dp.getLength();
        String s = new String(bs, 0, len);
        System.out.println("收到数据：" + s);
        ds.close();
    }
}
```

10.5 小结

1. 端口号是一个用于标记计算机逻辑通信信道的正整数，可以区分一台主机中的不同的应用程序。端口号不是物理实体。

2. IP 地址和端口号组成了所谓的 Socket，Socket 通信是属于客户与服务器（Client/Server，C/S）模式的通信方式。Socket 原意为“插座”，在通信领域中被译为“套接字”，在网络通信领域中的含义是建立一个连接。

3. URL 是统一资源定位器（Uniform Resource Locator）的英文缩写，表示 Internet 上某个资源的地址。URL 的基本结构由五部分组成。

4. 针对不同层次的网络通信，Java 语言提供的网络功能有 4 类：URL、InetAddress、Socket 和 Datagram。

（1）URL：面向应用层，通过 URL，Java 程序可以直接输出或读取网络上的数据。

（2）InetAddress：面向 IP 层，用于标识网络上的硬件资源。

（3）Socket 和 Datagram：面向传输层。Socket 使用 TCP，这是网络上运行的程序最常用的方式，可以想象为两个不同的程序通过网络的通信信道进行通信；Datagram 则使用 UDP，是另一种网络传输方式，它把数据的目的地址记录在数据包中，并直接放在网络上。

本章练习

1. 什么是 Socket？简述 Socket 通信机制最显著的特点。
2. 什么是端口号？服务器端和客户端分别如何使用端口号？
3. 什么是套接字，其作用是什么？
4. 将例 10.2 改编成 GUI 程序。

第 11 章

JDBC 与 MySQL 数据库

学习目的和要求

数据库系统不仅存储数据，还提供了访问、更新、处理和分析数据的功能，所以数据库系统在应用程序中无处不在。通过对本章的学习，理解前端 Java 程序如何与后端数据库管理系统进行交互，初步掌握基于 JDBC 和 MySQL 的应用程序开发。

主要内容

- 库和表
- SQL
- JDBC
- Statement 接口与 PreparedStatement 接口
- ResultSet
- 登录系统示例

11.1 库与表

一个关系型数据库通常由一个或多个二维数据库表组成。二维数据库表简称表，数据库中的所有数据和信息都被保存在这些表中。数据库中的每个表都具有唯一的表名称，表中的行被称为记录，列被称为字段。表中的每列都包括了字段名称、数据类型、宽度，以及列的其他属性等信息，而每行则包括了这些字段的具体数据的记录。

11.2 SQL

SQL 是结构化查询语言（Structured Questioned Language）的英文缩写，用来访问和操作数据库系统。SQL 语句既可以查询数据库中的数据，也可以添加、更新和删除数据库中的数据，还可以对数据库进行管理和维护操作，分别称为 DQL（Data Query Language）、DML（Data Manipulation Language）和 DDL（Data Definition Language）。

11.2.1 DDL

DDL 用于定义数据，即创建表、删除表、修改表结构。

（1）删除表。

```
DROP TABLE IF EXISTS 'student';
```

（2）创建表。

```
CREATE TABLE 'student' (
  'id' int(11) NOT NULL,
  'name' varchar(30),
  'birth' date,
  'height' double,
  'sex' varchar(8),
  PRIMARY KEY ('id')
);
```

11.2.2 DML

DML 用于添加、删除、更新数据，这些是应用程序对数据库的日常操作，示例如下。

```
insert into students values(1001, "Jack", "男", 20, "138110110");
insert into students(name, sex, age) values("Amy", "女", 21);
delete from students where id=2;
delete from students where age<20;
delete from students;
update students set tel="137000000" where id=5;
update students set age=age+1;
update students set name="Jim", age=19 where tel="139101010";
```

11.2.3 DQL

DQL 用于查询数据，这也是日常使用最频繁的数据库操作，示例如下。

```
select * from students where age > 21;
```

```
select * from students where name like "%王%";
select * from students where id<5 and age>20;
```

11.2.4　MySQL

MySQL 是目前最流行的开源数据库管理系统，最早由瑞典的 MySQL AB 公司开发，该公司在 2008 年被 Sun Microsystems 公司收购，Sun Microsystems 公司在 2009 年被 Oracle 公司收购，所以 MySQL 最终变成了 Oracle 旗下的产品。

从官网下载 MySQL 社区安装版，如图 11.1 所示，推荐使用 8.0.×或 5.7.×版本。在安装完成后，通过命令行语句操控 MySQL 数据库显然有一定难度，因此可以使用第三方的 GUI 工具来创建数据库、表等。推荐使用 Navicat 作为入门客户端，Navicat for MySQL 如图 11.2 所示。

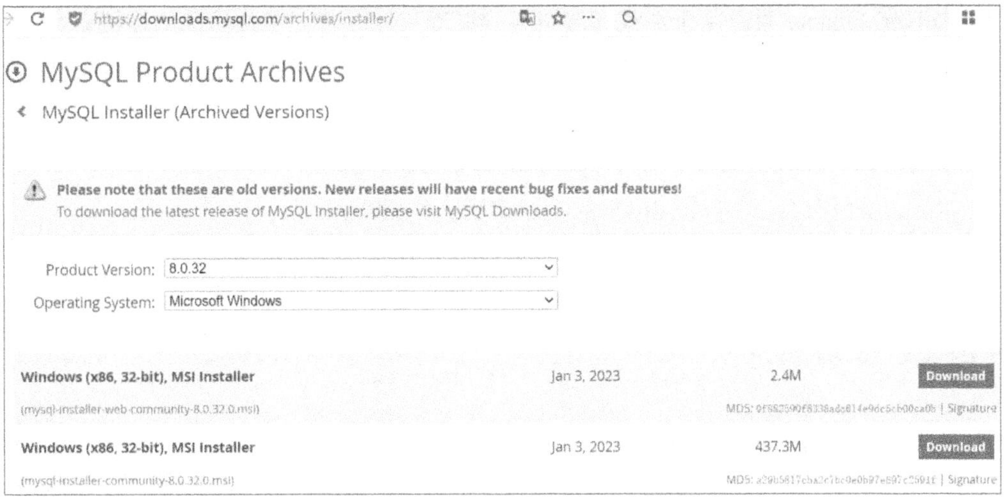

图 11.1　MySQL 社区安装版下载

图 11.2　Navicat 8 for MySQL

11.3 JDBC

JDBC 是 Java Database Connectivity 的缩写，它是 Java 程序中访问数据库的标准 API。JDBC 为程序员提供了一个访问和操纵众多关系数据库的统一的接口。通过 JDBC API，用 Java 语言编写的应用程序能够执行 SQL 语句、获取结果、显示数据等，并且可以将所做的修改传回数据库。

11.3.1 JDBC API

JDBC API 主要位于 Java 的 java.sql 包与 javax.sql 包中，主要的类和接口如下。

- DriverManager 类：用于加载和卸载各种驱动程序并建立与数据库的连接。
- Date 类：包含将 SQL 日期格式转换成 Java 日期格式的各种方法。
- Connection 接口：表示与数据的连接。
- PreparedStatement 接口：用于执行预编译的 SQL 语句。
- ResultSet 接口：用于查询出来的数据库数据结果集。
- Statement 接口：用于执行 SQL 语句并将数据检索到 ResultSet 中。

JDBC 驱动程序开发商提供了对这些接口的实现类，用户在使用 JDBC 时，实际上是在调用这些接口实现类的方法。

11.3.2 JDBC 程序基本步骤

使用 JDBC 访问数据库的基本步骤是加载驱动程序、建立与数据库的连接、创建执行方式语句、处理返回结果和关闭创建的各种对象。

1. 加载驱动程序

注册 JDBC 驱动，有两种形式。

（1）使用 Class.forName()方法进行注册。

（2）使用 DriverManager.registerDriver()方法进行注册。

通常采用第一种形式，固定写法如下。

```
Class.forName("com.mysql.cj.jdbc.Driver");
```

2. 建立与数据库的连接

```
String url = "jdbc:mysql://localhost:3306/test";
String userName = "root";
```

```
String password = "root";
Connection con = DriverManager.getConnection(url, user, pwd);
```

其中，url 表示数据库资源位置，user 表示用户名，pwd 表示密码。

3. 创建执行方式语句

创建 Statement，可以用来执行 SQL 语句。

```
Statement stmt = con.createStatement();
String sql="delete from user where name = 'root' ";
stmt.executeUpdate(sql);
```

4. 处理返回结果

ResultSet 表示一个查询结果集，属于集合类型，可以通过遍历来获取其中所有的数据。

```
String sql = "select * from  students";
ResultSet rs = stmt.executeQuery(sql);
while(rs.next()) {
    System.out.println("学号 = " + rs.getInt(1));
    System.out.println("姓名 = " + rs.getString(2));
    System.out.println("成绩 = " + rs.getDouble(3));
}
```

5. 关闭创建的各种对象

释放资源，按照打开顺序，逆序关闭资源（后打开的先关闭）。

```
rs.close();
stmt.close();
con.close();
```

【例 11.1】 JDBC 程序完整示例

```
package c11;
import java.sql.*;
public class Example11_01 {
  public static void main(String[] args) throws Exception {
      Connection conn = null;
      String sql;
      // 为避免中文乱码，要指定 useUnicode 和 characterEncoding
      String url = "jdbc:mysql://localhost:3306/test?"
              + "useUnicode=true&characterEncoding=UTF8"
```

```
        + "&allowPublicKeyRetrieval=true&useSSL=false"
        + "&serverTimezone=Asia/Shanghai"
        +"&zeroDateTimeBehavior=CONVERT_TO_NULL";
String dbUser = "root";
String dbPwd = "root";
try {
    Class.forName("com.mysql.cj.jdbc.Driver");
    System.out.println("成功加载 MySQL 驱动程序");
    conn = DriverManager.getConnection(url, dbUser, dbPwd);
    System.out.println("连接成功");
    Statement stmt = conn.createStatement();
    stmt.execute("drop table if exists students");
    sql = "create table students(NO char(20),name varchar(20),
                                    primary key(NO))";
    int result = stmt.executeUpdate(sql);
    if (result != -1) {
        System.out.println("创建数据表成功");
        sql = "insert into students(NO,name) values('2013001','qaz')";
        result = stmt.executeUpdate(sql);
        sql = "insert into students(NO,name) values('2013002','wsx')";
        result = stmt.executeUpdate(sql);
        sql = "select * from students";
         // executeQuery 会返回结果的集合，否则返回空值
        ResultSet rs = stmt.executeQuery(sql);
        System.out.println("学号\t 姓名");
        while (rs.next()) {
            System.out.println(rs.getString(1) +
                        "\t" + rs.getString(2));
        }
    }
} catch (SQLException e) {
    System.out.println("MySQL 操作错误");
} catch (Exception e) {
    e.printStackTrace();
} finally {
    conn.close();
}
```

```
    }
}
```

11.4 Statement 接口与 PreparedStatement 接口

11.4.1 Statement 接口

Statement 对象用于将 SQL 语句发送到数据库中执行，并从数据库中读取结果。Statement 接口用于执行不带参数的静态 SQL 语句。所谓的静态 SQL 语句是指在执行 executeQuery()、executeUpdate()等方法时，作为参数的 SQL 语句的内容固定不变，即 SQL 语句中没有参数。

Statement 接口的重要方法如下。

（1）ResultSet executeQuery(String)：执行给定的 Select 语句，返回单个 ResultSet 对象，示例如下。

```
ResultSet resultSet =
statement.executeQuery("select * from students ");
```

（2）int executeUpdate(String)：执行给定的 DML 和 DDL 语句，对于 SQL 数据库操作语句，如 Update、Delete、Insert 等，返回行计数；对于不返回任何内容的 SQL 语句，如 Create 语句，返回 0，示例如下。

```
sql = "insert into students(NO,name) values('2023001','Jack')";
result = stmt.executeUpdate(sql);
```

（3）boolean execute(String)：执行给定的所有 SQL 语句，可能返回多个结果。

11.4.2 PreparedStatement 接口

PreparedStatement 接口是 Statement 接口的子接口，用于处理预编译语句，其特点是可以使用占位符，并且是预编译的，比 Statement 更高效。如果只用其查询或者更新数据，则可以用 PreparedStatement 接口代替 Statement 接口。PreparedStatement 接口有以下特点。

- 可简化 Statement 中的操作。
- 能提高执行语句的性能。
- 可读性和可维护性更好。
- 安全性更好，可以预防 SQL 注入攻击。

预编译语句的机制就是先让数据库管理系统在内部通过预先编译，形成带参数的内部指令，再将其保存在 PreparedStatement 接口的对象中。这样在以后执行这类 SQL 语句时，只需修改该对象中的参数值，由数据库管理系统直接修改内部指令并执行即可，可以节省数据库管理系统编译 SQL 语句的时间，从而提高程序的执行效率。一般在需要反复使用一个 SQL 语句时使用预编译语句，因此预编译语句常常被放在一个 for 或 while 循环中使用，通过反复设置参数从而达到多次使用的目的。

PreparedStatement 接口增加了一系列的 set 方法，如下所示。

```
PreparedStatement pss = conn.prepareStatement(
                       "select * from students where no = no = ?" );
pss.setInt(1, i);
```

【例 11.2】PreparedStatement 和 Statement 接口使用比较示例

```
package c11;
import java.sql.*;
public class Example11_02 {
  public static void main(String[] args) throws Exception {
      Connection conn = null;
      String sql;
      Statement ps;
      ResultSet rs;
      String url = "jdbc:mysql://localhost:3306/test?"
             + "user=root&password=root&useUnicode=true"
             + "&characterEncoding=UTF8&useSSL=false"
             + "&serverTimezone=Asia/Shanghai"
             + "&zeroDateTimeBehavior=CONVERT_TO_NULL"
             + "&allowPublicKeyRetrieval=true";
      try {
         Class.forName("com.mysql.cj.jdbc.Driver");
         conn = DriverManager.getConnection(url);
         long time1 = System.currentTimeMillis();
         ps = conn.createStatement();
         for (int i = 0; i < 20000; i++) {
            rs = ps.executeQuery("select * from students
                                         where no = " + i);
            rs.close();
         }
         System.out.println("方式 1 耗时:"
                       + (System.currentTimeMillis() - time1));
         long time2 = System.currentTimeMillis();
```

```
        for (int i = 0; i < 20000; i++) {
            PreparedStatement pss = conn.prepareStatement(
                    "select * from students where no = no = ?");
            pss.setInt(1, i);
            rs = pss.executeQuery();
            rs.close();
        }
        System.out.println("方式 2 耗时:"
                + (System.currentTimeMillis() - time2));
        long time3 = System.currentTimeMillis();
        PreparedStatement pss = conn.prepareStatement(
                "select * from students where no = ?");
        for (int i = 0; i < 20000; i++) {
            pss.setInt(1, i);
            rs = pss.executeQuery();
            rs.close();
        }
        System.out.println("方式 3 耗时:"
                + (System.currentTimeMillis() - time3));

    } catch (SQLException e) {
        System.out.println("MySQL 操作错误");
    } catch (Exception e) {
        e.printStackTrace();
    } finally {
        conn.close();
    }
  }
}
```

11.5　ResultSet

结果集中包含符合 SELECT 语句条件的所有行，这些行的集合被称为结果集，返回的结果集是一个表，而这个表就是 ResultSet 接口的对象。在结果集中通过记录指针（也称游标）控制具体记录的访问，记录指针指向结果集的当前记录。在结果集中可以使用 get()方法从当前行获取值。ResultSet 接口的常用方法如表 11.1 所示。其中，next()方法可以将游标指向下一行，在第一次调用时指向第一行，返回 false 则代表到末行结束。

在使用 ResultSet 对象的 get()方法对结果集中的数据进行访问时，一定要使数据库中字段的数据类型与 Java 的数据类型相匹配。例如，对于数据库中的 char 或者 varchar 类型的字段，对应的 Java 的数据类型是 string，因此在 ResultSet 对象中应该使用 getString()方法对其进行读取。常用的 SQL 数据类型与 Java 数据类型之间的对应关系如表 11.2 所示。

考虑到性能问题，ResultSet 有以下类型。

（1）最基本的 ResultSet，结果集的创建方式如下。

```
Statement st = conn.createStatement ();
ResultSet rs = Statement.excuteQuery(sqlStr);
```

这种结果集不支持滚动的读取功能，所以，如果获得了这样一个结果集，则只能使用其中的 next()方法，逐个读取数据。

表 11.1 ResultSet 接口的常用方法

常 用 方 法	功 能 说 明
boolean absolute(int row)	将记录指针移动到结果集的第 row 条记录
boolean relative(int row)	按相对行数（或正或负）移动记录指针
void beforFirst()	将记录指针移动到结果集的头部（第一条记录之前）
boolean first()	将记录指针移动到结果集的第一条记录
boolean previous()	将记录指针从结果集的当前位置移动到上一条记录
boolean next()	将记录指针从结果集的当前位置移动到下一条记录
boolean last()	将记录指针移动到结果集的最后一条记录
void afterLast()	将记录指针移动到结果集的末尾
boolean isAfterLast()	判断记录指针是否位于结果集的末尾
boolean isBeforeFirst()	判断记录指针是否位于结果集的开头
boolean isFirst()	判断记录指针是否位于结果集的第一条记录
boolean isLast()	判断记录指针是否位于结果集的最后一条记录
int getRow()	返回当前记录的行号
String getString(String columnLabel)	返回当前记录字段名为 columnLabel 的值
String getString(int columnIndex)	返回当前行第 columnIndex 列的值
int getInt(int columnIndex)	返回当前行第 columnIndex 列的值
Statement getStatement()	返回生成结果集的 Statement 对象
void close()	释放此 ResultSet 对象的数据库和 JDBC 资源
ResdtSetMetaData getMetaData()	返回结果集的列的编号、类型和属性

表 11.2 常用的 SQL 数据类型与 Java 数据类型的对应关系

SQL 数据类型	Java 数据类型	结果集中对应的方法
integer/int	int	getInt()
smallint	short	getShort()

续表

SQL 数据类型	Java 数据类型	结果集中对应的方法
float	double	getDouble()
double	double	getDouble(
real	float	getFloat()
varchar/char/varchar2	java.lang.String	getString(
boolean	boolean	getBoolean()
date	java.sql.Date	getDate()
time	java. sql.Time	getTime()
blob	java. sql.Blob	getBlob()
clob	java.sqI.Clob	getClob()

（2）可滚动的 ResultSet 类型，结果集的创建方式如下。

```
Statement st =
conn.createStatement (int type, int concurrency);
ResultSet rs = st.executeQuery(sqlStr);
```

其中，参数 type 用于设置 ResultSet 对象的类型是可滚动还是不可滚动，其取值如下。

- ResultSet.TYPE_FORWARD_ONLY：只能向前滚动。
- ResultSet.TYPE_SCROLL_INSENSITIVE：能任意地前后滚动，对于修改不敏感。
- Result.TYPE_SCROLL_SENSITIVE：能任意地前后滚动，对于修改敏感。

参数 concurency 用于设置 ResultSet 对象能否修改，其取值如下。

- ResultSet.CONCUR_READ_ONLY：设置为只读类型的参数。
- ResultSet.CONCUR_UPDATABLE：设置为可修改类型的参数。

例如，创建一个可以滚动的、只读类型的 Result，代码如下。

```
Statement st = conn.createStatement(Result.TYPE_SCROLL_INSENITIVE,
                                      ResultSet.CONCUR_READ_ONLY);
ResultSet rs = st.excuteQuery(sqlStr) ;
```

此外，还有可更新的 ResultSet 和可保持的 ResultSet，本章不做介绍。

【例 11.3】 登录系统示例

按以下 4 个步骤编写简单登录系统的程序。

（1）在库 test 中建表 user。

```
CREATE TABLE 'user' (
  'id' int(11) NOT NULL,
  'name' varchar(30),
  'psword' varchar(30),
  PRIMARY KEY ('id')
```

```
);
```

（2）创建视图类，参考代码 LoginDemo.java。

```
package c11.login;
import javax.swing.*;
import java.awt.*;
import java.awt.event.ActionEvent;
import java.awt.event.ActionListener;
public class LoginDemo extends JFrame {
  JPanel jPanel = new JPanel();
  JLabel password_label = new JLabel("密码:");
  JLabel user_label = new JLabel("用户名:");
  JTextField usertext = new JTextField(20);
  JPasswordField pswf = new JPasswordField();

  public LoginDemo() {
     super();
     setSize(350, 200);
     setLocationRelativeTo(null);     //设置窗口居中显示
     setDefaultCloseOperation(JFrame.EXIT_ON_CLOSE);
     setResizable(false);
     jPanel.setLayout(null);
     user_label.setFont(new Font("微软雅黑", 0, 13));
     user_label.setBounds(10, 20, 80, 25);
     jPanel.add(user_label);
     usertext.setBounds(100, 20, 165, 25);
     jPanel.add(usertext);
     password_label.setFont(new Font("微软雅黑", 0, 13));
     password_label.setBounds(10, 50, 80, 25);
     jPanel.add(password_label);
     pswf.setBounds(100, 50, 165, 25);
     jPanel.add(pswf);
     JButton login = new JButton("登录");
     login.setBounds(80, 100, 80, 25);
     JButton register = new JButton("注册");
     register.setBounds(200, 100, 80, 25);
     jPanel.add(register);
     jPanel.add(login);
```

```
        add(jPanel);
        login.addActionListener(new LoginOKAction());
        validate();
        this.setVisible(true);
    }

    public static void main(String[] args) {
        new LoginDemo();
    }

    class LoginOKAction implements ActionListener {
        User user = null;
        public void actionPerformed(ActionEvent e) {
            char[] psword = pswf.getPassword();
            String pswordString = new String(psword);
            user = Dao.check(usertext.getText(), pswordString);
            if (user.getName() != null) {
                try {
                    JOptionPane.showMessageDialog(null, "登录成功！");
                } catch (Exception ex) {
                    ex.printStackTrace();
                }
            } else {
                JOptionPane.showMessageDialog(null, "登录失败！");
                usertext.setText("");
                pswf.setText("");
            }
        }
    }
}
```

（3）创建实体类，参考代码 User.java。

```
package c11.login;
public class User {
  private int id;
  private String name;
  private String psword;
  public User() {
```

```
    }
    public User(int id, String name, String psword) {
        this.id = id;
        this.name = name;
        this.psword = psword;
    }
    public int getId() {
        return id;
    }
    public String getName() {
        return name;
    }
    public void setId(int id) {
        this.id = id;
    }
    public void setName(String name) {
        this.name = name;
    }
    public void setPassword(String psword) {
        this.psword = psword;
    }
    public String getPassword() {
        return psword;
    }
}
```

（4）创建数据访问类，参考代码 Dao.java。

```
package c11.login;
import java.sql.*;
public class Dao {
    private static String dbClassName = "com.mysql.cj.jdbc.Driver";
    String url = "jdbc:mysql://localhost:3306/test?"
            + "user=root&password=root&useUnicode=true"
            + "&characterEncoding=UTF8&useSSL=false"
            + "&serverTimezone=Asia/Shanghai"
            + "&zeroDateTimeBehavior=CONVERT_TO_NULL"
            + "&allowPublicKeyRetrieval=true";
    private static String dbUser = "root";
```

```
private static String dbPwd = "root";
private static Connection conn = null;

private Dao() {
    try {
        if (conn == null) {
            Class.forName(dbClassName);
            conn = DriverManager.getConnection(dbUrl, dbUser, dbPwd);
        } else {
            return;
        }
    } catch (Exception ee) {
        ee.printStackTrace();
    }
}

public static User check(String name, String password) {
    new Dao();
    User user = new User();
    String sql = "select *  from user where name= ? and psword= ?";
    try {
        PreparedStatement pstmt = conn.prepareStatement(sql);
        pstmt.setString(1, name);
        pstmt.setString(2, password);
        ResultSet rs = pstmt.executeQuery();
        while (rs.next()) {
            user.setId(rs.getInt("id"));
            user.setName(rs.getString("name"));
            user.setPassword(rs.getString("psword"));
        }
    } catch (Exception e) {
        e.printStackTrace();
    }
    Dao.close();
    return user;

}
```

```
    private static ResultSet executeQuery(String sql) {
        try {
            if (conn == null) {
                new Dao();
            }
            return conn.createStatement().executeQuery(sql);
        } catch (SQLException e) {
            e.printStackTrace();
            return null;
        } finally {
        }
    }

    public static void close() {
        try {
            conn.close();
        } catch (SQLException e) {
            e.printStackTrace();
        } finally {
            conn = null;
        }
    }
}
```

11.6 小结

1．一个关系型数据库是由一个或多个二维表构成的。表的列被称为字段，行被称为记录。

2．SQL 是结构化查询语言（Structured Query Language）的英文缩写，是用来定义数据库表和操纵数据的语言。

3．JDBC 是为在 Java 程序中访问数据库而设计的一组 Java API，包含一组类与接口，用于连接数据库、把 SQL 语句发送到数据库、处理 SQL 语句的结果，以及获取数据库的元数据等。

4．使用 Java 语言开发任何数据库应用程序都需要 4 个接口：Driver、Connection、Statement 和 ResultSet。这些接口定义了使用 SQL 语句访问数据库的方法。使用 JDBC 访问数据库的一般步骤是：加载驱动程序、建立与数据库的连接、创建执行方式语句、处理返回结果和关闭创建的各种对象。

5．JDBC 中有 3 种 SQL 查询方式：不含参数的静态查询、含参数的动态查询和存储过程调用。这 3 种方式分别对应 Statement、PreparedStatement 和 CallableStatement 接口。

6．JDBC 通过 ResultSet 返回查询结果集，并提供记录指针对其记录进行定位。

本章练习

1．通过 Navicat 建立一个名为 myDatabase 的数据库，按实际需要创建 student、course、score 等表，并录入数据。

2．在 Navicat 中使用 SQL 语句完成增、删、改、查的基本操作。

3．用 Swing 创建一个具有增、删、改、查基本功能的学生管理系统。

参考文献

[1] Bruce Eckel. Java 编程思想[M]．4 版．北京：机械工业出版社，2007．
[2] 耿祥义，张跃平．Java 面向对象程序设计[M]．3 版．北京：清华大学出版社，2020．
[3] 李刚．疯狂 Java 讲义[M]．4 版．北京：电子工业出版社，2018．
[4] 陈国君．Java 程序设计基础[M]．6 版．北京：清华大学出版社，2018．